新手料理的

超過千萬人點閱・成功試作推薦

99個秘訣

松露玫瑰的魔法廚房

出版菊

contents

Part 1 吃飯。幸福餐桌

千萬網友熱烈討論的超美味家常料理25道

Part 2 魔法廚房。輕鬆上桌

20道簡單的食材與技巧，一眨眼就完成！

Part 3

漫遊。味蕾的旅行

名廚名菜的究極居家版9道

Part 4

秘密情人。蛋

1~100歲都喜歡的雞蛋料理6道

廚房好朋友。一次全看懂

容易混淆的食材6大類，圖文詳解

畫紅線的重點步驟

全都是不藏私的的必學料理心得30種！

家的滋味　幸福之味

去年此時，我出版了第一本食譜書，很榮幸得到大家肯定。
我只是一個平凡的新手煮婦，沒受過專業廚藝訓練，一切靠自修，在家裡廚房玩家家酒，
然而在記錄自己的同時，挖掘更深的自己，並且散發能量，
藉著部落格和食譜書讓更多人喜歡下廚，進而體認家的滋味即幸福之味，
我覺得做好事的意義大於名和利。

寫第一本書時，剛移居荷蘭，彼時我像剛睜開雙眼的嬰孩看花花世界，
飢渴似的閱讀數不盡的西方食譜書，欣賞轉不完的美食頻道節目，
滿腔熱血把所知的西方食材和廚房技巧介紹給大家，雖說不盡純熟，但我盡力而為。
然而近三年的廚娘生活，我深切了解煮婦難為，又要快又要巧還要省錢好味道，
於是第二本書我試著一道菜作多種變化，採用大家方便取得的食材，
並且兼具趴踢的華麗美感，落實家庭煮婦的想望。

「新手料理的99個秘訣：松露玫瑰的魔法廚房」，
特別收集了許多關於料理的秘訣，仔細數來絕對超過99個。
這些訣竅不僅止於烹調的過程，
從省時省力卻不省美味的方法；食材的選擇、替換；一道菜如何應用變化成多道菜，
以及現有器具的充分運用...都是每天每天窩在廚房中的實戰經驗而來。
大廚們習以為常的過油、翻鍋、推刀切法...名稱就足以讓新手們望而卻步，
所謂秘訣就是小撇步，太複雜就是"廚房技術"啦，
所以書中的秘訣全都來自於生活智慧，
將高深的"廚房技術"轉換成簡單的"廚房技巧"，像是：
鐵鍋做炊飯的秘訣、蓋厲害棕奶油醬、做水波蛋的秘訣、快速去馬鈴薯皮、
輕鬆的醬料收納、方便做番茄醬...等等。

内容更分類為：
＜吃飯。幸福餐桌＞特別挑選了千萬網友熱烈討論的菜餚，也是平日自家餐桌上超美味家常料理。
＜魔法廚房。輕鬆上桌＞---20道做法簡單口味卻不簡單的佳餚，一眨眼就完成！
＜漫遊。味蕾的旅行＞---名廚名菜的究極居家版9道。

＜秘密情人。蛋＞---1～100歲都喜歡的雞蛋料理6道。

＜廚房好朋友。一次全看懂＞---容易混淆的食材6大類，圖文詳解。

＜畫紅線的重點步驟＞全都是不藏私的的必學料理心得30種！

每一道都有詳細配方、完整步驟圖解，更仔細地註明了重點步驟...等資訊，

能夠讓你沒有絲毫困惑地充分的享受下廚的樂趣。

我要謝謝出版社給我最大的耐心和等待，

支持我不沿用部落格舊文章，一道一道菜重作，一張一張圖重拍。

每次料理時我都注入新的想法，光是煎干貝，我用多種醬料來搭配，找出最合拍的組合；

煎牛排也是，縱使駕輕就熟，還是想藉著不同的煎法，找出最不會失敗的操作方式，

如此這般，我怎麼可能拿部落格一年前兩年前三年前較不成熟的文章充數？

況且，同樣都是在簡陋的自家餐桌拍出的照片，今年的品質就是比去年好。

我選擇一個比較辛苦的方式寫書，不僅因為喜歡跟自己賽跑，希望今日的我比昨日的我美好，

同時我要所有網友和讀者看到最新的我！

還有，我要跟愛我及我愛的你說，

這不僅是一本食譜書，更是一本教你如何悠遊於料理世界的遊戲書，

我甚至可以自信的說，

這是一本沒看過可惜，不擁有就落伍的廚房魔法書！

松露玫瑰。

中文系畢業。

在把自己的光與熱散盡於傳播媒體10餘年後，

決定移居荷蘭，為自己而活。

目前每天在魔法廚房裡為心愛的阿莫先生烹調幸福料理。

於2009年出版第一本著作「廚房新手料理總複習。松露玫瑰美味筆記」

至今雄踞生活風格類排行榜。

個人部落格：http://www.wretch.cc/blog/TruffleRose

＊特別致謝：阿莫先生菜名翻譯。

本書用法與計量單位

❶ 中文菜名

❷ 原文菜名

❸ 松露玫瑰的美食記憶

❹ 材料與份量：詳細的配方及預先準備，不會手忙腳亂。

❺ 做法：清楚易懂的步驟指導，熟讀再進廚房。

❻ 詳細的步驟圖片：按圖索驥，美味輕鬆上桌零失敗！

❼ 魔法筆記：廚房武功祕笈，特別以紅線畫重點！不藏私的製作訣竅與料理TIPS。

量杯 / 量匙換算

1公升＝1000毫升

1毫升＝1cc

1杯＝240cc＝16大匙

1大匙＝3茶匙＝15cc

1茶匙＝1小匙＝5cc

1/2茶匙＝2.5cc

1/4茶匙＝1.25cc

公克 / 台斤換算

1公斤＝1000公克

1台斤＝16兩＝600公克

1兩 ＝37.5公克

1磅 ＝454公克＝12兩

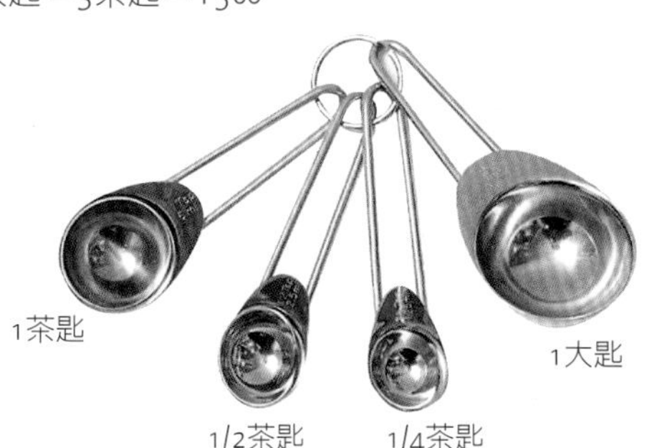

Part 1……

吃飯。幸福餐桌

千萬網友熱烈討論的超美味家常料理25道

我不偏食，我常笑說自己連虧都肯吃了，沒有不吃的菜。
但真要挑的話，有些食材我不是頂愛，例如雞胸。
相較之下，它沒有雞腿的肥美沒有雞中翅的柔嫩，
不過呀，我就是鐵齒愛玩，
經過這樣料理的雞胸肉連我自己都捨不得嫌。

香橙沙拉

烤雞胸鑲巴西利起司佐香橙沙拉

Baked chicken filet wrapped in pancetta stuffed with Gruyèr, Parmesan and parsley with orange salad

材料 2人份

巴西利起司材料

Gruyère起司50公克
磨碎，可以一般焗烤起司替代

帕馬森起司(Parmasen)15公克 磨碎

無鹽奶油20公克 切丁

義大利巴西利(Italian parsley) 5公克 切碎

黑胡椒粉適量

烤雞胸肉材料

雞胸肉2片 每片約莫150公克

義大利培根(pancetta) 適量
可包裹雞胸肉的份量，可以一般培根替代

鹽和黑胡椒粉適量

香橙沙拉材料

綜合沙拉葉80公克

柳橙1顆 剝皮去薄膜

沙拉用橄欖油2大匙

柳橙汁2小匙

鹽和黑胡椒粉適量

魔法筆記 01

培根裹肉不鬆脫的秘訣

包培根片時，要每片重疊一小部分，烤出來的培根才會完整包裹雞肉。

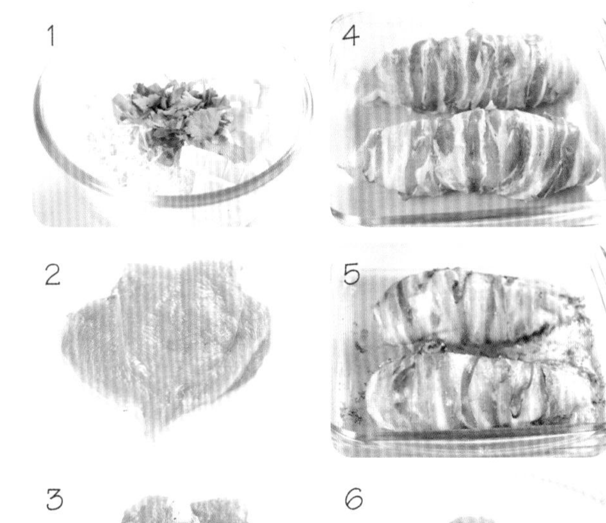

做法

1 做巴西利起司餡：將所有材料混合均勻

2 烤雞胸肉：雞胸肉對切不要切斷，像攤開的書，然後擺上巴西利起司，把書闔起來，表面撒上鹽和黑胡椒粉，再以培根片包裹，移到烤盤上，預熱過的烤箱180°C烤22分鐘，然後在熱盤上休息10分鐘

3 做香橙沙拉：將所有材料混合均勻

有些食物並不會天天想吃，但是想吃的時後吃不到，
慾念會像蟲子般啃噬骨、肉和筋絡，痛且癢。
鹽酥雞即是。

鹽酥雞

Deep fried spicy chicken cubes

材料 2人份

醃料

雞蛋1顆
大蒜3瓣 磨泥
辣椒1根 不去籽，切碎
薑30公克 磨泥
花椒1大匙 先乾鍋烘出香味，稍稍磨碎
白胡椒粉2大匙
糖2大匙
醬油2大匙
米酒2大匙

其他材料

雞胸肉500公克 切塊2～3公分
麵粉3大匙
麵包粉3大匙
炸油1鍋
九層塔適量
鹽和白胡椒粉適量 起鍋後調味用

做法

1 醃料和雞胸肉醃半小時

2 醃好的肉加入麵粉和麵包粉攪拌之後擺5分鐘，放入熱油鍋炸約3～5分鐘，至表面金黃，瀝乾油，一旁備用

3 熱油炸九層塔約10秒鐘，撈出瀝油

4 將鹽酥雞和九層塔放在大碗公上，灑上鹽和白胡椒粉，混合均勻

魔法筆記 02/03

減油油炸的秘訣

▲ 如果不想用太多油炸肉，可以使用高度蓋過雞肉的油量，半煎半炸，但是要確定油夠熱、火夠大並且不斷攪拌雞肉不至沾鍋焦黑。

▲ 如果小朋友怕吃辣，可以省略辣椒和花椒、白胡椒粉少一大匙，糖多加半大匙，炸好以後再用胡椒鹽或鹽調鹹淡。甜甜鹹鹹很好吃。

▲ 加麵包粉是異鄉遊子買不到地瓜粉的替代方法。

2005年在托斯卡尼時，憑著肉販給我的
栗子雞肝醬食譜，在居遊的廚房，
用著簡單的設備做出雞肝醬，
那是我愛上雞肝醬的開始。

甘邑雞肝醬

Chicken liver paté

材料 (可做約500公克肝醬)

奶油60公克 分成5+5+50公克3次依序使用，50公克份量的奶油需小火融化

洋蔥1顆 切丁

雞肝350公克 去掉筋脈

月桂葉(bay leave)1片

百里香(thyme)5公克

丁香(clove)2朵

干邑(Cognac) 50 可以紅酒替代

雞高湯150毫升

水煮熟雞蛋2顆

高脂鮮奶油(crème fraiche)50公克 可以酸奶(sour cream)替代

鹽和黑胡椒粉適量

另備

麵包或脆餅乾

酸黃瓜或醃洋蔥

做法

1 取小湯鍋，小火奶油(5公克)煎洋蔥，煎至軟

2 取平底鍋，中火奶油(5公克)煎雞肝，至上色

3 雞肝擺進小湯鍋，加入香草香料，注入干邑和雞高湯，大火煮滾後，轉中小火續煮20～30分鐘，不需要收乾湯汁

4 取出百里香和月桂葉，加入水煮蛋，用食物調理機打成泥

5 取料理盆，雞肝泥加入融化的奶油和高脂鮮奶油，攪拌均勻，填入喜歡的模具，放冰箱冷藏1小時，至定型

魔法筆記 04

當年肉販的食譜沒有添加雞蛋和高脂鮮奶油，成品略乾，漸曉廚事後，我做出我喜歡的濃稠且帶絲綢般口感的雞肝醬。

奶油南瓜泥

香橙巴西利蒜屑

Roasted spring chicken, stuffed with mushrooms, pumpkin puree, orange peel gremolata

烤春雞鑲紅酒蘑菇佐奶油南瓜泥和香橙巴西利蒜屑

除夕時媽媽總會煮鹽水雞，這是一年中唯一的一天，
我可以用手抓雞肉、吃相狼藉，
18歲離家後就沒再吃過所謂團圓飯，
在我心目中，吃全雞代表溫暖團聚。
當擁有個人廚房時，迫不急待為自己燉全雞，
讓單身獨居的我可以享受濃醇全雞餐。
我也想吃烤全雞呀，但是小小的烤箱無法裝下整隻全雞，認識春雞這項食材後，我的烤雞願望終於達成。

1

3

2

4

魔法筆記

▲ 炒蘑菇時不要太早加鹽，鹽會讓蘑菇出水。

▲ 蘑菇餡料是春雞肉質多汁的因素。

▲ 南瓜泥可以南瓜糊(本書第41頁)替代。

材料 2人份

紅酒蘑菇餡材料

橄欖油2大匙

大蒜1瓣 切碎

蘑菇200公克 切片

紅酒2大匙

百里香(thyme)適量

鹽和黑胡椒粉適量

烤春雞材料

春雞2隻 每隻約400公克左右

橄欖油適量

蜂蜜適量

鹽和黑胡椒粉適量

奶油南瓜泥材料

南瓜500公克 切塊

無鹽奶油20公克

鹽和黑胡椒粉適量

香橙巴西利蒜屑(Gremolata) 材料

大蒜1瓣 切碎

柳橙皮屑4顆的量

義大利巴西利(Italian parlsey)適量

做法

1 做蘑菇餡：取平底鍋，熱鍋熱油炒大蒜和蘑菇，待蘑菇幾乎熟軟時加入紅酒，酒精煮掉後，撒上百里香，調味

2 烤春雞：將蘑菇餡填入春雞肚裡，表面以鹽和黑胡椒粉按摩一下，並且刷上橄欖油，移到烤盤，預熱過的烤箱180°C烤30分鐘，之後刷上蜂蜜200°C烤5分鐘，然後在熱盤上休息15分鐘

3 做南瓜泥：南瓜塊平放盤子上，封上保鮮膜，微波爐600瓦煮15分鐘，去皮後用壓泥器壓成泥，同時加入奶油並且調味

4 做香橙巴西利蒜屑：將所有材料混合均勻

Grilled chicken wings,
mashed taro, cucumber salsa

烤雞翅佐鴨油紫芋泥和小黃瓜莎莎醬

吃吃喝喝多年，昂貴的稀有的愛吃的錯吃的
差不多都碰到了，吃過山珍海味，
發現最愛的肉品竟然是雞翅，尤其是雞中翅。
簡單抹鹽的烤雞翅或煎雞翅是無上美味，
而拌入動物油脂的紫芋泥更是我的心頭好，
我以中式調味西式擺盤，為自己做了這道料理。

材料 4人份

烤雞翅材料

雞翅12隻
橄欖油適量
鹽和白胡椒粉適量

鴨油紫芋泥材料

芋頭600公克 去皮切塊
大蒜1瓣 磨泥
薑5公克 磨泥
糖2小匙
液狀鴨油8～10大匙
鹽和白胡椒粉適量

小黃瓜莎莎醬(Salsa)材料

小黃瓜200公克 去籽切丁
番茄2顆 去皮去籽切丁
香菜10公克 略切
辣椒1根 去籽切碎
青蔥1枝 切丁
檸檬皮屑2顆的量
檸檬汁2小匙
橄欖油2大匙
鹽和白胡椒粉適量

做法

1 烤雞翅：雞翅表面塗抹鹽和白胡椒粉，淋上橄欖油拌勻，室溫擺30分鐘；取可入烤箱平底鍋，雞翅兩面微煎上色，預熱過的烤箱180°C烤30分鐘

2 做芋泥：芋頭塊平放盤子上，封上保鮮膜，微波爐600瓦煮15分鐘，然後用壓泥器壓成泥，放入料理盆，加入蒜泥、薑泥和糖拌勻，移到小鍋，小火加熱，徐徐加入鴨油攪拌均勻，調味

3 做莎莎醬：所有材料攪拌均勻，置冰箱10分鐘

魔法筆記 08

芋泥鬆軟口感來自充分的油脂，所以鴨油不能省，可以豬油替代鴨油。

鴨油紫芋泥
小黃瓜莎莎醬

Avocado/shrimp tower, soy sauce, mirin

酪梨蝦肉塔

我在酪梨蛋餅(見本書第108頁)提到無意中發現醬油和酪梨是好朋友，因此常常酪梨切切，淋上醬油當早餐，像吃醬油飯，當然偶爾也會搭鮮蝦做成豪華版醬油酪梨餐。

材料 1人份

超新鮮蝦子80公克
薑泥1/2小匙
拳頭大小酪梨1顆 去皮去核
橄欖油1/2小匙
檸檬汁2小匙
白胡椒粉適量
松子1小匙 先乾鍋烘出香味
角醋栗(cape gooseberry)1顆 可以無籽葡萄替代或省略
醬油1大匙
味醂1大匙

魔法筆記

▲ 可以可生食海鮮替代蝦子，但要確定其鮮度及品質。

▲ 如果沒有圓桶狀塑型器具，可以冰淇淋湯匙或是一般湯匙替代，直接舀蝦泥和酪梨糊入盤。

做法

1 做蝦泥：蝦子用食物調理機打成泥，加上薑泥和適量白胡椒粉攪拌均勻

2 做酪梨糊：酪梨用湯匙壓碎同時加入橄欖油、檸檬汁和適量白胡椒粉

3 擺盤時撒上松子，淋上醬油和味醂調成的醬汁

法式焗烤田螺

番紅花菠菜生蠔盅

Burgundy snails au gratin

法式焗烤田螺

剛開始吃西餐時，只要餐廳有焗烤田螺，
頓時好感度和高貴度上升好幾個百分點。
東征西討歐洲餐廳後，才發現它不是特別高貴，甚至我常在法國小餐館的餐牌上看到它，但是食用的美味印象還是一樣。

魔法筆記 11/12

田螺即鍋牛，但並不是所有的田螺皆可食用。

方便做焗烤海鮮

▲ 進烤箱前，可在奶油糊上灑上薄薄一層麵包屑，增加焦脆口感

▲ 可以稍燙過的干貝或蝦子取代田螺，加料奶油是焗烤好幫手。

材料 2人份

無鹽奶油30公克 切丁

帕馬森起司(Parmesan)45公克 磨碎

大蒜2瓣 磨泥

茵陳蒿(tarragon) 5公克 切碎，可以其他香草替代

白胡椒粉1小匙

已經處理好且煮熟的田螺12～15隻

另備

麵包或脆餅乾

做法

1 除了田螺外，所有材料混合均勻

2 田螺置於烤缽上，把奶油糊一團一團擺到田螺上，預熱過的烤箱180°C烤15分鐘

Oysters, fried spinach,
saffron/milk sauce

番紅花菠菜生蠔盅

認識我之前阿莫先生不吃生蠔，他覺得生蠔軟軟糊糊，
像肥肉像鼻涕。我說，用舌頭去擠它壓它挑弄它，
像舌吻，然後把所有愛意吞入喉。
於是阿莫先生對生蠔的接受度稍稍提高，
但往往一打生蠔他吃兩三顆，其它都是我包辦。
每當我在張羅吃蠔時，阿莫先生會來看看我，微笑，然後離開，
讓我獨享生蠔和幾杯白酒，還有靜謐的潮汐光陰。

材料 2~6人份

生蠔1打
碎冰適量
番紅花(saffron)1/4小匙
溫牛奶50毫升
橄欖油適量
菠菜200公克
檸檬汁1小匙
鹽和黑胡椒粉適量

做法

1 開好生蠔，在菠菜料理好之前，置於室溫，放在碎冰上保持冰度，但不至於過冰

2 番紅花先在溫牛奶裡泡10分鐘

3 取平底鍋，熱鍋熱油炒菠菜至半熟，加入番紅花牛奶，快速攪拌，起鍋前灑檸檬汁和調味

4 將菠菜置於蠔殼上，再放上蠔肉，也可將菠菜盛放於其它容器，食用時一口生蠔一口菠菜

魔法筆記 13/14

▲ 如果喜歡品嚐強烈的番紅花氣味，可省略泡在牛奶裡的步驟，直接將兩者加入炒半熟的菠菜。
▲ 美好的生蠔單吃品其純味即是無上享受，但偶爾變變花樣增加生活情趣，除了搭菠菜也可搭魚子醬享用。

我在希臘用餐時，好愛隨餐而來的優格醬，
濃稠的優格醬混著小黃瓜顆粒，有時添加蒔蘿有時添加薄荷，
但一定會有厚厚的大蒜香氣，這就是希臘黃瓜優格醬，因為
地緣和歷史的關係，土耳其也有這樣的醬料，叫做 Cacık。
黃瓜優格醬可以抹麵包可以灑魚上面，也可和肉肉一起吃。
從南歐移到南亞，印度的優格醬 Raita 則香菜取代了黃瓜粒，
並且添了更多印度香料，所謂美食的源頭是相通的道理吧^^

希臘黃瓜優格醬

煎鱈魚佐香酥培根和希臘黃瓜優格醬

Pan-fried cod filet, fried bacon, tzatziki

魔法筆記 15

有此一說小黃瓜不需要去皮去籽，我覺得去不去皮見仁見智，我個人覺得去了皮做成的醬料感覺比較"delicate"；我覺得去籽比較好，因為黃瓜籽乃水份的來源，不去籽的優格醬越攪拌水份越多，就要變成黃瓜優格湯啦^^

材料 2人份

希臘黃瓜優格醬(Tzatziki)材料

小黃瓜150公克 去皮去籽切條

蒔蘿(dill)嫩枝嫩葉手握鬆鬆1把 可以薄荷(mint)替代，或兩者皆用

大蒜1瓣

原味優格100公克

檸檬汁1小匙

橄欖油1小匙

鹽1小匙 醃小黃瓜用

黑胡椒粉適量

煎鱈魚材料

厚片培根2～4片

橄欖油適量

帶皮鱈魚菲力2片 每片厚度約4公分、200～250公克左右

鹽和黑胡椒粉適量

做法

1 做黃瓜優格醬：小黃瓜以鹽醃半小時，然後活水浸泡10分鐘，去掉大部分鹽份，擦乾之後和蒔蘿及大蒜用食物調理機打碎，在料理盆裡加入優格、檸檬汁和橄欖油攪拌均勻，灑上黑胡椒粉

2 煎培根：取平底鍋，小火乾鍋煎培根至喜歡的脆度

3 煎鱈魚：取平底鍋，熱鍋熱油煎鱈魚，兩面各煎2.5分鐘左右，然後在熱盤上休息2分鐘

烤香酥魚塊佐
蘋果塔塔醬

Baked almond and sand cookie crusted white fish, apple/tartar sauce

材料 2人份

烤香酥魚塊材料

魚菲力400公克 切成4公分左右長度，不必太整齊

牛奶200毫升

杏仁片1杯 打碎，可用其他核果屑替代

餅乾屑1杯 可用麵包粉替代

無鹽奶油30公克 融化成液狀

烘焙紙

鹽和黑胡椒粉適量

蘋果塔塔醬(Tartar sauce)材料

原味蛋黃醬(美乃滋)8大匙

青蘋果1顆 去皮切丁切塊，不必太整齊，較有口感

義大利巴西利(Italian parlsey)5公克

檸檬皮屑2顆的量

鹽和黑胡椒粉適量

檸檬汁 視蛋黃醬酸度情況添加

另備

吉康菜少許

水耕芽菜少許

做法

1 烤魚塊事前準備：先將魚塊在牛奶裡泡5分鐘，同時混和杏仁屑、餅乾屑、鹽和黑胡椒粉，再將泡過牛奶的魚塊沾屑屑

2 烤魚塊：將融化的奶油塗在墊了烘焙紙的烤盤上，擺上魚塊，預熱過的烤箱200°C烤15～20分鐘

3 做塔塔醬：將所有材料混合

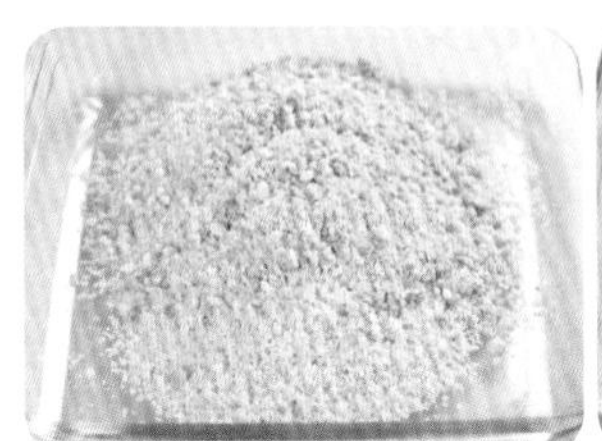

魔法筆記 16~18

▲ 魚必須順紋理切，否則魚塊會碎裂。

▲ 原始塔塔醬是由醃黃瓜、酸豆、洋蔥和巴西利切碎後加入蛋黃醬(美奶滋)製作而成，但是我覺得這道烤魚塊適合較清新的醬料，因此以蘋果替代。

▲ 也可以雞胸肉條替代魚肉，但是烤的時間必須延長至25分鐘左右。

蘋果塔塔醬

我不是特愛吃油炸食物，倒不是考慮所謂健康問題，
而是不夠乾淨的油炸出來的食物總是有股臭味，
後來自己試著油炸鹽酥雞(本書第12頁)或是天麩羅，好吃呀^^
我認為沒有絕對的事情，偶爾吃吃油炸物也不是世界末日，
但是我尊重異己，因此為不吃油炸物但喜歡香酥食物的網友
設計這道食譜。

在荷蘭，塗麵包的奶油一點也不單調，許多餐廳都會自製店裡的招牌奶油。
我曾經在一家阿根廷餐館吃到辣椒奶油，也吃過松露奶油。
我喜歡把用剩的香草或有特殊氣味的食材做成加味奶油，
塗麵包或是搭菜都好，當成廚房隨手醬料很方便。

煎鮭魚佐蒔蘿奶油和櫻桃蘿蔔沙拉

Pan-fried salmon, dill butter, cherry radish salad

材料 2人份

蒔蘿奶油材料(可做約4人份奶油)

無鹽奶油100公克 切丁

蒔蘿(dill)嫩枝嫩葉部分5公克

鹽和黑胡椒粉適量

櫻桃蘿蔔沙拉材料

櫻桃蘿蔔(cherry radish)120公克 切片

水耕芽菜30公克 可以沙拉葉替代

蒔蘿(dill)適量

沙拉用橄欖油2大匙

檸檬汁2小匙

鹽和黑胡椒粉適量

煎鮭魚材料

帶皮帶骨鮭魚2片 每片厚度約2.5～3公分、200～250公克左右

料理繩 可省略

橄欖油適量

鹽和黑胡椒粉適量

做法

1 做蒔蘿奶油：所有材料混合後，以保鮮膜捲捲捲做成香腸狀，擺冰箱至少30分鐘定型，食用前取所需份量放室溫10分鐘即可

2 做櫻桃蘿蔔沙拉：所有材料混合後，擺冰箱10分鐘，讓氣味混合

3 煎鮭魚：取平底鍋，熱鍋熱油煎鮭魚，兩面各煎3分鐘，轉中小火兩面各煎1分鐘，然後在熱盤上休息3分鐘

▲ 煎魚時一定要熱鍋熱油，並且魚身擦乾，油不會亂噴，並且比較好翻面。

自己做加味奶油

▲ 加味奶油不宜久存，兩三天可

▲ 醃橄欖、醃鯷魚和日曬番茄乾都可做成加味奶油。

大蒜蛋黃醬
原味蛋黃醬

Pan-fried scallops, cooked egg, aïoli, broad beans

煎干貝佐蠶豆和大蒜蛋黃醬

我常會用一顆蛋黃做蛋黃醬（美乃滋），
一兩天吃掉即可，
剩下的蛋白加在稀飯裡或是醃肉醬裡，
很好處理，大家動手做吧。

材料 2人份

大蒜蛋黃醬(Aïoli)材料

有機蛋黃1個 室溫狀態

大蒜2瓣 可酌量增刪

蔬菜油4大匙

檸檬汁1小匙

白酒1小匙

鹽和黑胡椒粉適量

其他材料

蠶豆200公克

干貝6顆

橄欖油適量

鵪鶉蛋1顆 可省略

鹽和黑胡椒粉適量

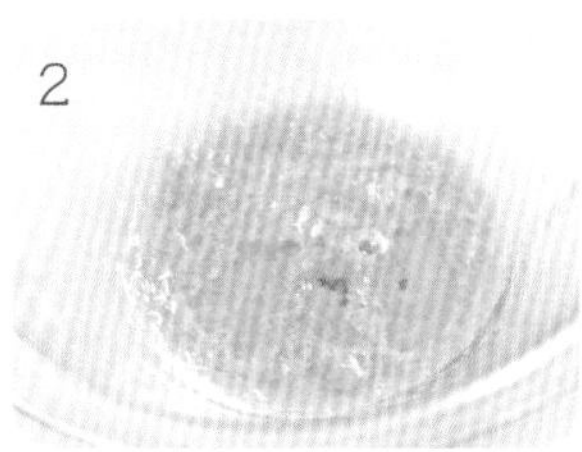

做法

1 做大蒜蛋黃醬：用筷子或打蛋器先將蛋黃和蒜泥混合均勻，逐次加入蔬菜油打成幕斯狀，然後添加檸檬汁和白酒，調味

2 料理蠶豆：蠶豆先水煮至八九分熟，去厚皮，再以中火橄欖油翻炒至熟，調味

3 煎干貝：取平底鍋，熱鍋熱油煎干貝，兩面各煎1.5分鐘，然後在熱盤上休息1分鐘

魔法筆記 22~24

自己做美乃滋

▲ 一般來說做蛋黃醬以蔬菜油為主，不使用橄欖油，因為橄欖油的味道較重，我覺得看個人喜好。

▲ 我的大蒜蛋黃醬添加白酒和檸檬汁，所以成品有稀釋感。

▲ 僅用蛋黃和蔬菜油做出的蛋黃醬，就是我們所說的純味美乃滋。

西班牙臘腸有辣味也有甜的口味，
那滿是煙燻以及甜椒的氣味非常迷人，是我喜歡的食材之一。
臘腸分現吃版及烹調版，現吃版像培根火腿般單吃，
也可添加橄欖或夾麵包，
而我喜歡使用烹調版的西班牙臘腸做湯醬，
借其本身氣味為我的料理增味！

西班牙臘腸煮白豆

煎紅鯛佐雪莉酒煮西班牙臘腸

Pan-fried red snapper, fried courgette cubes, chorizo and white beans stewed in Sherry

魔法筆記 25

使用烹調版的西班牙臘腸做湯醬，借其本身氣味為我的料理增味！
如果喜歡吃軟爛口感的豆子，可事先將豆子煮至熟透。

材料 4人份

西班牙臘腸煮白豆材料

橄欖油適量
大蒜3瓣 切片
西班牙臘腸(chorizo) 80公克 切片
甜椒1顆 切丁
番茄比拳頭小一點3顆 去皮去籽切丁
白豆(white bean)100公克 煮熟備用，可以我們常用的豆類替代
義大利巴西利(Italian parsley) 1把
甜雪莉酒(Sherry)250公克
雞高湯500公克
鹽和黑胡椒粉適量

其他材料

橄欖油適量
大蒜1瓣 去皮拍碎
節瓜350～400公克 切丁
檸檬汁1小匙
紅鯛魚菲力(red snapper)200～250公克4片
鹽和黑胡椒粉適量

做法

1 做西班牙臘腸煮白豆：取湯鍋，中小火橄欖油炒大蒜和臘腸，炒出香味後，逐次加入蔬菜翻炒，然後加入白豆和巴西利，注入雪莉酒和高湯，煮至少30分鐘，或至湯汁稍稍收乾，調味

2 炒節瓜：取平底鍋，小火橄欖油煎大蒜，煎出香味後，加入節瓜炒至熟，灑上檸檬汁，調味

3 煎紅鯛：取平底鍋，魚事先撒上鹽和黑胡椒粉，熱鍋熱油煎魚，兩面各煎1.5分鐘，然後在熱盤上休息1分鐘

黃瓜・節瓜

剛到歐洲時常有網友問我為何荷蘭的黃瓜看起來籽少水分少？

我的回答是，這是節瓜，不是黃瓜。

也有網友說照我部落格食譜做一鍋煮，只是以黃瓜替代節瓜，結果黃瓜煮爛爛。

我跟她說，黃瓜和節瓜是同家族，長相相似，但是質地不一樣，烹調的方式也不一樣。

是的，兩者同數葫蘆家族，就植物學上，它們和番茄一樣被歸為"水果"，但在料理上卻被當蔬菜運用。

左：節瓜　右：黃瓜

黃瓜(cucumber)水份多，所以口感爽脆，冷食較多，醃黃瓜和酸黃瓜都是尋常可見小食，而希臘黃瓜優格醬(本書第24頁)即是利用其特殊口感料理出涼爽的愛琴海風味醬。

左：節瓜　右：黃瓜

節瓜(courgette)質地緊實，幾乎沒有籽囊，看似乾而無味，經過烹調後卻是鮮甜多汁。最簡單的料理方式即切薄片微烤，入口後黃瓜的脆密瓜的甜，通通有！節瓜可烤可煮可炒，是非常實用的蔬菜。煎紅鯛(本書第32頁)即利用節瓜做為煎魚和酒醬的美味橋樑。

材料 2人份

洋蔥1顆 切片

大蒜2瓣 切片

漬橄欖50公克 切片

新鮮月桂葉(bay leaf)2片 切絲，可以1枝迷迭香(rosemary)的葉子替代

義大利巴西利(Italian parsley) 5公克 僅取葉子

檸檬汁2大匙

橄欖油4大匙 1大匙炒洋蔥，3大匙最後拌沙拉，另備少許塗抹鮪魚表面

鮪魚200～250公克2片 厚度約莫2公分

鹽和黑胡椒粉適量

Griddled line caught yellow fin tuna, warm red onion salad

烤黃鰭鮪魚佐洋蔥橄欖溫沙拉

阿莫先生忙的時候不吃東西，他戲稱自己是駱駝，
只是駝峰長在前面罷了，腰上的肥肚可以提供他身體所需熱量。
但是忙過後，一陣餓意來襲，這時候我必須快速變出菜來。
以延繩釣捕貨的黃鰭鮪魚生魚片是我的好幫手，
可立刻讓阿莫先生止飢，因此冰箱會常備解凍的鮪魚肉，
怕他吃膩抗議時，我就做成烤魚餐。

做法

1 做洋蔥沙拉：取平底鍋，中小火橄欖油炒洋蔥和大蒜，炒10分鐘或至喜歡的軟度，加入橄欖稍稍翻炒，將炒過的洋蔥移到沙拉缽，拌入月桂葉、巴西利、檸檬汁和橄欖油，調味

2 烤鮪魚：鮪魚先用鹽和黑胡椒粉調味，表面塗上少許橄欖油，加熱過的烤盤，兩面各烤1～1.5分鐘，然後在熱盤上休息1分鐘

洋蔥沙拉

魔法筆記 26/27

▲ 洋蔥沙拉冷食也美味。

▲ 可將罐頭鮪魚撕碎拌洋蔥沙拉，另種風味。

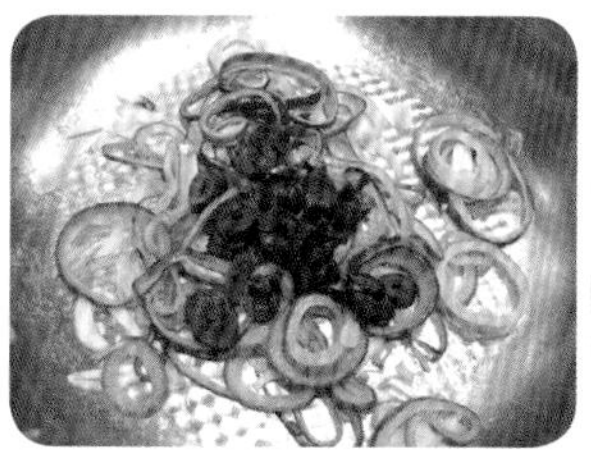

我從沒用過電鍋煮飯。
小時候廚房是媽媽的，不能亂碰，之後在外流蕩，買過電湯匙電磁爐，
就是沒想過要買電鍋，好友曾給我一個大同電鍋，但沒有印象用此煮飯。
我並不偏好米飯，心血來潮想吃飯就用一般鐵鍋煮飯，
煮久了也差不多抓出分量和時間了。

貽貝蘆筍花椰菜炊飯

Cooked rice, mussels,
green asparagus, cauliflower

材料 4～6人份

米2杯 約360公克

魚高湯500毫升 可以雞高湯或是海帶湯替代

醬油3大匙

鹽1小匙 鹹度可自行斟酌

花椰菜100公克 切薄片

蘆筍50公克 切段

貽貝或稱淡菜(mussel)12顆左右 先用熱水燙過，去殼取出貝肉備用

青蔥適量

白胡椒粉適量

做法

1 第一階段：米、高湯、醬油和鹽在鐵鍋裡攪拌均勻，鋪上花椰菜，蓋鍋大火煮滾，約莫7分鐘

2 第二階段：放入蘆筍，轉小火，蓋鍋煮15分鐘，熄火，燜15分鐘

3 第三階段：快速放入貽貝，蓋鍋燜5～10分鐘

4 第四階段：把底層的飯攪拌上來，調味

魔法筆記 28

鐵鍋做炊飯的秘訣

▲ 不同的米不同的鐵鍋，烹調的時間不一定相同，第一階段時，聞到米香或聽到咕嚕咕嚕水聲時，即表示水和米煮滾了；第二階段燜的步驟很重要，是讓米粒飽食、晶瑩剔透的關鍵；第三階段放入的材料必須是快熟食材，否則可視狀況在第一階段或第二階段放入；第四階段是讓底部水氣散發，底層的米飯才不會糊掉。

▲ 建議第一次做炊飯時一旁顧火，做一下記錄，下次就可以做出自己喜歡口感的炊飯。

▲ 不一定要鑄鐵鍋才可做炊飯，一般不鏽鋼鍋即可。

當廚娘近三年，深刻體會～簡單烹調、美好醬料，幸福料理。
然而天天下廚也不可能天天變化不同醬料呀，
所以我找出一個幾乎通用的醬料，簡單煎過或烤過的紅肉白肉、
烤蔬菜和義大利麵淋上這醬，頓時香氣四溢，此即棕奶油醬 Brown butter。

棕奶油醬搭烤牛肉

煎干貝佐棕奶油醬
搭鴻禧菇粉紅蝦

Pan-fried scallops, brown butter sauce, shrimps, Japanese brown beech mushrooms, saffron

材料 2人份

無鹽奶油20公克
橄欖油適量
洋蔥半顆 切細丁
鴻禧菇100公克
粉紅蝦100公克 先汆燙
白酒1小匙
檸檬汁1/2小匙
干貝6顆
番紅花適量 可省略
鹽和黑胡椒粉適量

做法

1 做棕奶油醬：取醬汁鍋，小火融化奶油，三不五時攪拌一下，直至顏色變深有些許沉澱物，並且產生核果香氣

2 做鴻喜菇粉紅蝦：取平底鍋，小火橄欖油炒洋蔥至微軟，隨後加入鴻禧菇，轉中小火炒至軟，然後加入粉紅蝦，灑白酒和檸檬汁，快速翻兩下，調味

3 煎干貝：取平底鍋，熱鍋熱油煎干貝，兩面各煎1.5分鐘，然後在熱盤上休息1分鐘

魔法筆記 29

蓋厲害棕奶油醬

▲ 做棕奶油醬時，如果醬汁鍋開始冒煙，可先離火，但是不斷攪拌，等煙消後，再回爐火。

這料理可拆成兩道菜，煎干貝佐棕奶油醬以及鴻禧菇粉紅蝦拌義大利麵，厲害吧^^

棕奶油醬

鴻喜菇粉紅蝦

松露姐姐私房南瓜湯

TruffleRose secret recipe pumpkin soup

魔法筆記 30~32

▲ 我的南瓜湯材料大致是南瓜、番茄、胡蘿蔔、洋蔥和大蒜，可以蘋果替代番茄，都沒有的話，可加適量檸檬汁，基本上，酸味可提高品嚐南瓜湯時的味覺深度。

蓋厲害南瓜糊

▲ 一般人以為做南瓜湯很費事，其實先做成南瓜糊，分裝冷凍後，隨時都可享用南瓜湯。

▲ 南瓜糊添上少少高湯和融化奶油，調味後就是美味南瓜泥。

材料 4人份

南瓜糊材料 (可做約2公升南瓜糊)

南瓜2公斤 切大塊
洋蔥2顆 對切
胡蘿蔔200公克
大蒜1朵
甜椒1顆
番茄3顆
韭蔥2根
橄欖油適量

主湯材料

南瓜糊500毫升
雞高湯750毫升
白酒2大匙
月桂葉(bay leave)1片
百里香(thyme) 5公克
肉豆蔻粉(nutmeg)1/2小匙
特級橄欖油適量
鹽和黑胡椒粉適量

另備

胡桃少許 先乾鍋烘出香味
水耕芽菜少許

做法

1 做南瓜糊：所有材料放置烤盤淋上橄欖油，預熱過的烤箱200°C烤30分鐘，甜椒和番茄去籽，洋蔥和大蒜去皮，然後用食物調理機打成糊

2 取湯鍋，放進南瓜糊注入高湯和酒，再添上香草香料，大火煮滾後轉小火續煮10分鐘，或至喜歡的濃度，調味

3 食用時淋上特級橄欖油

南瓜糊

剛認識阿莫先生時，他總叫我南瓜 Pumpkin，
一直以為是荷蘭男生對喜歡的女生的甜蜜稱呼，後來問了他，
原來我以前頂個鍋蓋頭，頭型長得像南瓜，啊～

Mash pot of endive and potatoes, smoked sausage, bacon, pickles

煙燻香腸佐 荷蘭馬鈴薯菜泥

真要說荷蘭的特殊菜色，馬鈴薯菜泥Stampot算是其中之一，不過通常會添加煙燻香腸一起食用。

材料 2～4人份

荷蘭馬鈴薯菜泥材料

馬鈴薯500公克 挑鬆軟口感品種

無鹽奶油50公克

牛奶150公克

肉豆蔻(nutmeg)1/4小匙

菊苣(endive)100公克 可以其他沙拉葉替代

鹽和黑胡椒粉適量

其他材料

荷蘭煙燻香腸(rookworst)1條，250～300公克 可以西式香腸替代

培根4～6片

另備

酸黃瓜或醃洋蔥

做法

1 料理香腸：煙燻香腸照指示時間烹煮

2 快速去馬鈴薯皮的秘訣：馬鈴薯皮上畫幾刀，平放盤子上，封上保鮮膜，微波爐600瓦煮10分鐘，馬鈴薯皮可以輕鬆撕去

3 做馬鈴薯菜泥：取料理盆，用叉子或壓泥器壓碎馬鈴薯，加入無鹽奶油、牛奶和肉豆蔻攪拌均勻，然後拌入切碎的菊苣

4 煎培根：取平底鍋，小火將培根片煎至喜歡的脆度

魔法筆記 33

▲ 單吃馬鈴薯菜泥就非常美味，可視個人喜好添加芥茉醬。

▲ 煙燻香腸可置換成肉排或雞排。

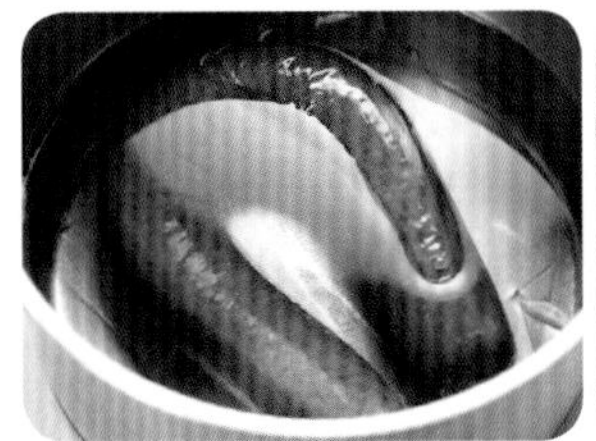

廚房好朋友～

馬鈴薯

小時候沒有特別愛馬鈴薯，尤其是媽媽偶爾把馬鈴薯切絲當菜炒，清清脆脆有醬油味的馬鈴薯我真的不愛。

旅遊歐洲是愛上馬鈴薯的開始，我喜歡軟軟爛爛的薯泥、香酥脆的薯條或是鬆鬆的薯塊，硬硬脆脆的薯片我也愛，認識越多馬鈴薯料理，越讓我覺得馬鈴薯是邪惡卻又令人無法放手的情人。

在台灣，馬鈴薯是外來引種植物，所以最早栽培的薯種由日本引進，經過農民的培育，成績差強人意，僅克尼伯馬鈴薯可供應上市，但只能供應市場的30%，其它仍須仰賴自美國、加拿大、澳洲和紐西蘭進口，以美國馬鈴薯為大宗。

據估計目前馬鈴薯約有4000個品種，有紅皮有黃皮，有白肉有棕肉也有紫肉，大大小小長相的馬鈴薯更是多，認都認不完。其實馬鈴薯可分兩大類：baking potatoes(又稱starchy potatoes，鬆軟，澱粉比例高)和boiling potatoes(又稱waxy potatoes，爽脆，糖份水份比例高)，一般而言，皮皺皺老老的屬於baking potatoes，而皮薄光滑的屬於boiling potatoes，就我所知，台灣超市販售的馬鈴薯以此類為主。

我做過許多馬鈴薯料理，決定幫它們非派別，幫助網友料理馬鈴薯時更加得心應手。

Baking potatoes料理～

馬鈴薯泥 / 燉馬鈴薯 / 軟心馬鈴薯(Fondant Potatoes) / 西班牙馬鈴薯蛋餅(Tortilla de Patatas)
烤馬鈴薯

Boiling potatoes料理～

馬鈴薯煎餅(Rösti/Hash Browns/Latkes) / 馬鈴薯千層(Dauphinoise) / 馬鈴薯丁(塊)沙拉 / 孟買馬鈴薯(Bombay Potatoes) / 炸薯條 / 炸(烤)薯片

以上是我個人料理馬鈴薯時粗略的區分，但有時家裡沒有合適的馬鈴薯，我也不會堅持這樣的搭配，爽脆的馬鈴薯久煮努力壓還是可以做薯泥，鬆軟馬鈴薯炸薯條口感會軟一點，但還是無上美味呀！

除了醬油脆炒馬鈴薯之外，我應該沒有不愛的馬鈴薯料理。

左至右：紅皮/黃皮/省產 馬鈴薯

說來好玩，我一直到18歲離家才吃外面賣的肉鬆，以前媽媽總是恐嚇我外面的肉鬆有加木屑，
自己做比較乾淨單純，因此非常習慣家裡帶點脆脆口感以及吃得到肉條的肉鬆，
當我第一次吃到市售毛茸茸軟綿綿的肉鬆時，還著實嚇了一跳^^
炒肉鬆真的沒啥特殊本事，就是翻炒不停，不過通常炒完手也廢了，
但是吃肉鬆的念頭未曾因此打消。
某次翻查國外部落客的食譜，竟然用烤箱做鮪魚鬆！既然可以烤魚鬆，那我當然要來烤肉鬆囉～

松露姐姐
獨步江湖烤肉鬆

TruffleRose best baked meat floss in the world

材料 (可做約400公克肉鬆)

豬上臀肉750公克 切三公分厚度

薑50公克 切片

米酒100毫升

清水300毫升

醬油7大匙

糖8大匙

蔬菜油6大匙

芝麻3大匙 先乾鍋烘出香味

做法

1 煮肉：將肉、薑片、米酒和清水放入壓力鍋，壓力鍋模式煮30分鐘

2 擀肉：壓力鍋洩壓後(煮肉水不要丟棄)，趁熱用擀麵棒將肉逆紋擀平，撕成肉絲後用食物調理機打成肉鬆

3 肉鬆拌醬料：可進烤箱的平底鍋小火將肉鬆、醬油和糖攪拌均勻並且稍稍加熱，加入適量煮肉水，幫助醬料和肉屑均勻混合

4 烤肉鬆：預熱過的烤箱100°C烤約1小時45分鐘，每15分鐘攪動肉鬆，烤至乾燥沒有濕氣

5 炒肉鬆：將烤過的乾肉鬆加入蔬菜油中小火炒香上色，再加入芝麻，攪拌均勻

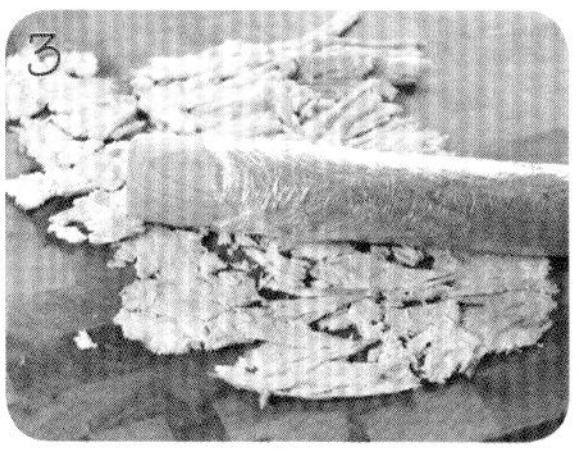

▲ 如果沒有壓力鍋，可使用一般燉鍋小火煮肉，煮大約2小時直至肉纖維鬆動，期間必須注意水量，適度添加熱水。

▲ 擀麵棒必須用保鮮膜包起來，肉不會黏在擀麵棒上，較好操作。

▲ 肉一定要壓鬆壓扁，這會影響成品蓬鬆度。如果沒有食物調理機，可將肉條撕成細絲，但是成品的蓬鬆度會減低。

▲ 烤肉鬆的時間不是那麼制式，用湯匙攪拌肉鬆時沒有黏在鍋底即可。橄欖油炒肉鬆時可以同時嚐味道，視個人喜好適度調味。

黑胡椒醬

Grilled rib-eye, black pepper sauce, stir-fried snow peas, shredded carrot, fried egg

黑胡椒牛排

大學時吃路邊牛排都選擇蘑菇醬，
吃黑胡椒醬的次數10根手指頭伸出來數都數不完，
當網友留言想念小時候媽媽做的黑胡椒醬時，
觸動我的心，媽媽的滋味總是令人難忘且無可比擬，
我們一起來圓夢^^

材料 2人份

黑胡椒醬材料 (可做約1公升黑胡椒醬)

橄欖油2大匙
大蒜4瓣 切片切碎皆可
辣椒1根 去籽，切條，可省略
拳頭大小洋蔥3顆 切條切塊皆可
胡蘿蔔400公克 切丁
黑胡椒粉(粒)3大匙
糖2大匙
醬油7大匙
番茄糊2大匙
米酒4大匙
月桂葉2片 可省略
高湯4杯

其他材料

大蒜1瓣 切片
荷蘭豆200公克 事先水煮半熟
胡蘿蔔絲適量
肋眼牛排200公克2片 厚度約莫2公分
雞蛋2顆
鹽適量

做法

1 做黑胡椒醬：取湯鍋，小火橄欖油炒大蒜和辣椒，炒出香味後，逐次加入洋蔥和胡蘿蔔，各炒5分鐘，然後加入其他材料，大火煮滾後轉小火續煮30分鐘，取出月桂葉，用食物調理機打成糊

2 炒蔬菜：取平底鍋，小火橄欖油炒蒜片，加入蔬菜，炒至喜歡的熟度，調味

3 烤牛排：牛肉置於加熱過的烤盤，兩面各烤1.5～2分鐘，然後在熱盤上休息2分鐘

4 煎荷包蛋

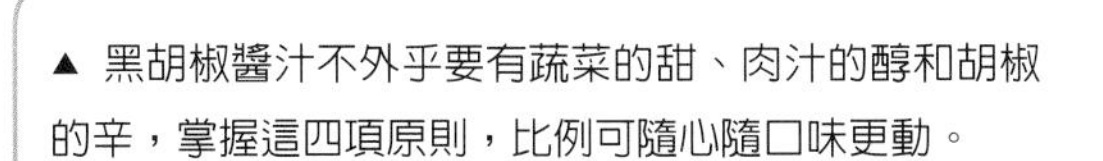

▲ 黑胡椒醬汁不外乎要有蔬菜的甜、肉汁的醇和胡椒的辛，掌握這四項原則，比例可隨心隨口味更動。

醬料收納的秘訣

▲ 黑胡椒醬可一次大量製作，放進有封口的塑膠袋裡，進冷凍庫凍半小時或是快要結成冰塊，取出用筷子按壓出需要的份量，再擺回冷凍庫。使用時剪刀沿著壓痕剪出小方塊，視需要使用。

荷蘭豆。甜豆莢

上：荷蘭豆　下：甜豆莢

左：甜豆莢　右：荷蘭豆

小時候媽媽常蒜片炒荷蘭豆(snow peas)，加肉片或是加蝦仁，不過呀，我不是特別愛吃，媽媽不是很會料理蔬菜，有時荷蘭豆清脆好吃，有時乾乾癟癟好像吃樹葉，入口後真是哀怨。

有一次到英國出差，在鄉間B&B用晚餐，竟然吃到好脆好甜的荷蘭豆，
仔細一瞧，真是外國月亮比較圓，連豆莢都比較圓，不過那次以後就沒再吃到這麼好吃的圓圓荷蘭豆。

移居荷蘭後，買菜時我又看到圓圓荷蘭豆，當然要買囉，定睛一看商品名稱，嘿嘿，原來它不是荷蘭豆，它是甜豆莢(sugar snap peas)！荷蘭豆和甜豆莢其實都是豌豆的變種，兩者皆在豆子沒有完全成熟時採收，因此可以吃到脆又嫩的豆莢。

甜豆莢的皮比較厚，豆子圓又大，吃起來口感厚實有脆度，甜度高，我非常喜歡。不過阿莫先生喜歡吃荷蘭豆，他覺得荷蘭豆脆中帶軟，很好入口，不像甜豆莢要咬久才可入喉。這兩種豆子都是冷天蔬菜，大家嚐嚐看，比較一下吧^^

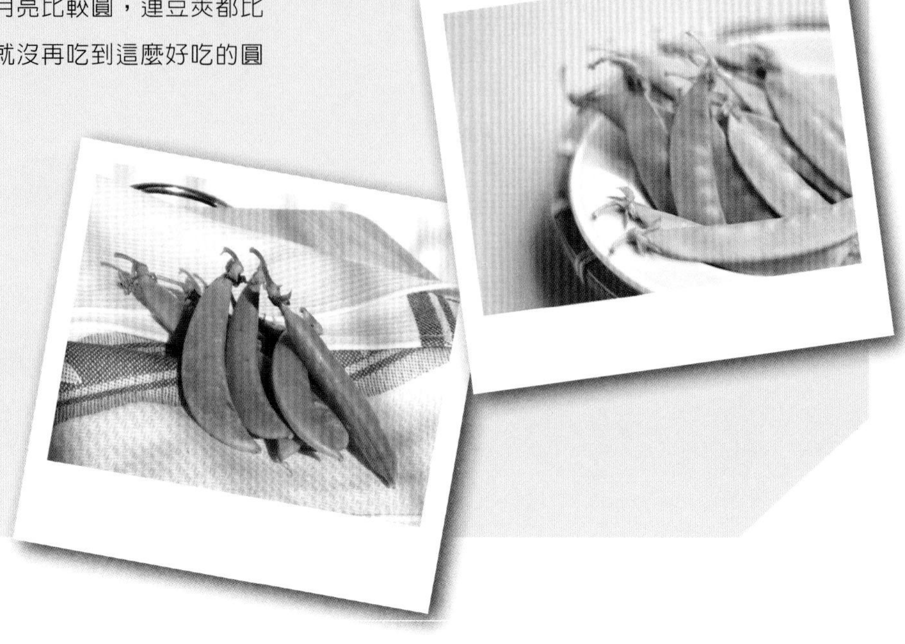

材料 2人份

鱒魚250～300公克2尾
月桂葉6片
辣椒1根 去籽切成6長條
大蒜1瓣 切成6薄片
羅勒(basil)2支
洋蔥1顆 切薄片
櫻桃番茄200～250公克
白酒50ml 另備少許拍抹魚身
檸檬汁1小匙 另備少許拍抹魚身
橄欖油適量
鹽和黑胡椒粉適量

Baked trout, stuffed with basil, skin scorched with garlic, bay leaves and red chili peppers

烤鱒魚

當我做出這道烤魚後，不禁對著烤箱開懷大笑，
原來可以這麼簡單做出令人睜大雙眼的烤全魚！
所謂 Minimum Effort Maximum Satisfaction。

做法

1 魚表面拍白酒和檸檬汁，塗薄薄一層鹽，魚身畫三刀，分別填入月桂葉、辣椒條和大蒜片，魚肚塞羅勒

2 烤盤上擺滿洋蔥片，擺上魚和番茄，灑白酒和檸檬汁，再灑適量鹽和黑胡椒粉，預熱過的烤箱200℃烤15分鐘，然後移出烤箱，在烤盤上休息5分鐘

省略番茄，添加青蔥，魚身抹上薑泥，這不就是亞式烤魚了嗎？這樣一盤烤魚上桌，餐桌頓時華麗起來。

Stewed oxtail, pointed cabbage, round carrots

甜心高麗菜燉牛尾

我總認為自己是有口福的人，走到哪吃到哪，
很能適應各地飲食，不會特別想念中菜或特殊菜，
想念時也總能找到替代食物。
當我想吃滷豬腳燉豬腳時，我就會燉牛尾撫慰自己想望的心。

材料 4～6人份

牛尾1條 約1200～1400 公克 切塊
薑 50～100 公克 視個人喜好
雞高湯2400毫升
米酒600毫升
胡蘿蔔350公克
甜心高麗菜250公克 可以一般高麗菜替代
蔥2支
香菜少許
鹽和黑胡椒粉適量

做法

1 先將牛尾放置烤盤，預熱過的烤箱200°C烤15分鐘

2 取湯鍋，放入烤過的牛尾，加入薑注入高湯和酒，大火煮滾後轉小火續煮2小時

3 加入蔬菜和蔥，續煮1小時，調味

魔法筆記 41/42

▲ 烤過的牛尾去油脂、肉定型並且逼出肉香，和中式先油炸或油煎的道理相似。
▲ 想吃軟爛口感的的蔬菜，可一開始即加入燉煮。

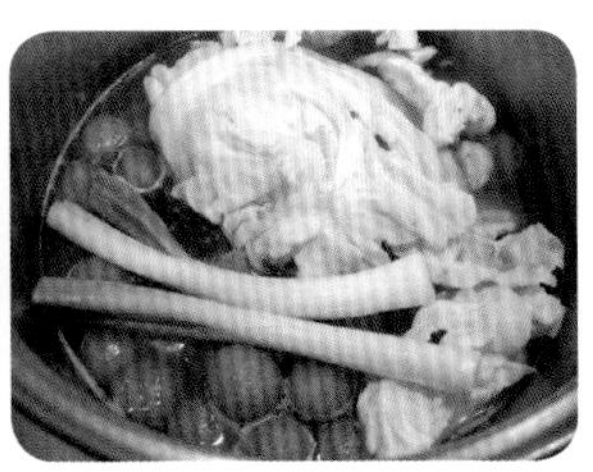

Diced beef steak, baked pointed red peppers and green asparagus, yellow tomberries

骰子牛肉

你無法想像可以在20分鐘內做出歡樂的牛排餐吧？

1、2、3預備備～

材料 2人份

牛肉400公克 切成2～3公分塊狀

甜椒2顆 對切，去籽

蘆筍6根 視個人喜好增減

檸檬汁1小匙

橄欖油適量

無鹽奶油40公克

小番茄適量 可以沙拉葉或水耕芽菜替代

鹽、黑胡椒粉和粗黑胡椒粒適量

做法

1 醃牛肉：牛肉沾滿鹽和粗黑胡椒粒，置室溫10分鐘

2 烤蔬菜：蔬菜上烤盤前皆撒鹽和黑胡椒粉，淋檸檬汁和橄欖油。先烤甜椒，預熱過的烤箱180℃烤15分鐘，甜椒烤5分鐘後，放入蘆筍，一起烤10分鐘，烤好後取出，晃動烤盤攪拌汁液

3 烤牛肉：蔬菜烤好後，另備烤盤，擺上奶油塊和醃牛肉，搖晃一下烤盤，讓牛肉和奶油接觸摩擦，180℃烤3～5分鐘，烤好後取出，晃動烤盤攪拌肉汁

魔法筆記

▲ 整個料理過程可以在室外BBQ，如果使用鐵網烤肉，牛肉表面塗抹奶油後再沾鹽和粗黑胡椒粒。

▲ 油脂多的牛肉，可以減少奶油量。

Roast beef, baked wild mushrooms, rosemary (Sold out till 2028 to mister Amo)

烤牛肉佐迷迭香野菇

阿莫先生很愛荷蘭超市 Albert Heijn 賣的烤牛肉，
片薄薄的微烤牛肉夾三明治或單吃皆可，
我也會運用烤牛肉片搭漬橄欖或酪梨片做點心給他吃。
不過他常會嫌超市的烤牛肉熟度不穩定，
有時候過生有時候過乾，有時候缺貨......牙一咬，
我自己烤。

材料 4人份

烤牛肉材料

牛臀肉1公斤 室溫狀態，也可使用牛腰肉，只要是不帶肥，並且去除筋脈的牛肉即可

無鹽奶油50公克

鹽1小匙

料理繩 一定要，捆綁牛肉

粗黑胡椒粒2小匙

迷迭香野菇材料

烤牛肉的油脂

橄欖油2大匙

綜合野菇1公斤

大蒜2瓣 稍稍切碎

鹽2大匙

粗黑胡椒粒1小匙

迷迭香8枝 取葉片

做法

1 烤牛肉：奶油塗滿牛肉表面(奶油不需全用掉，剩下的可以擺牛肉上一起進烤箱)，沾滿鹽和黑胡椒粒，用料理繩把肉綁緊，擺在雙層烤盤(左圖)，預熱過的烤箱180°C烤30分鐘，然後在熱盤上休息15分鐘

2 烤野菇：續用底層烤牛肉的油脂，添加橄欖油，所有材料放進烤盤，攪拌均勻，180°C烤10～15分鐘

魔法筆記 45

完美烤牛肉的秘訣

▲ 牛肉從冷藏室取出後，至少放室內2小時，直至手觸摸肉沒有涼涼的感覺，請確實做到，這影響烤牛肉的熟度和風味。

▲ 如果沒有雙層烤盤，可在烤盤上墊網架，架高牛肉，這樣方便再利用烤牛肉油脂。

▲ 一般來說，500公克的牛肉180°C烤15分鐘，這是五分熟，如果想要七分熟可以續烤5分鐘，但是我不建議。

▲ 烤牛肉冷食風味佳。

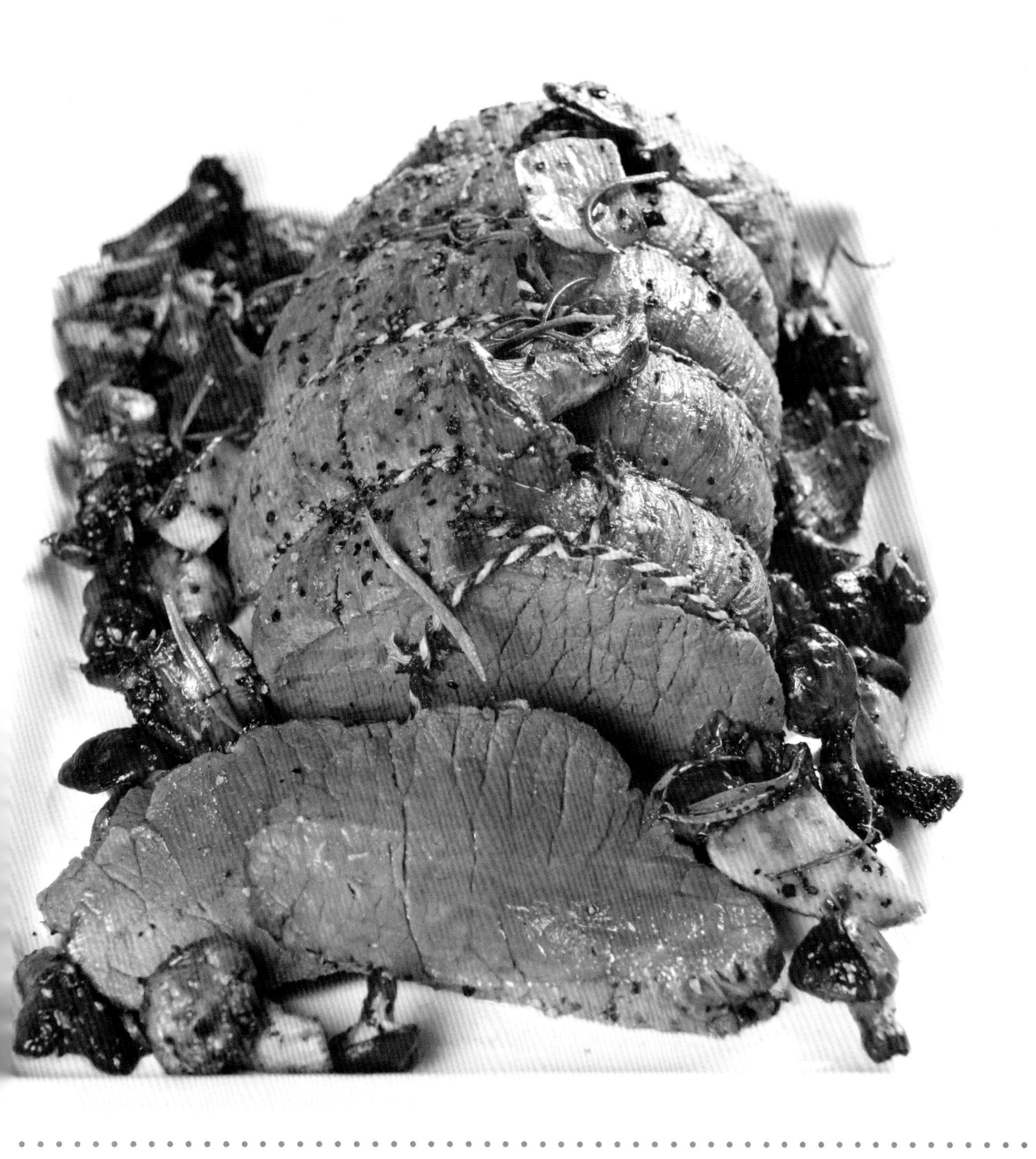

厚切烤牛肉

薄切烤牛肉

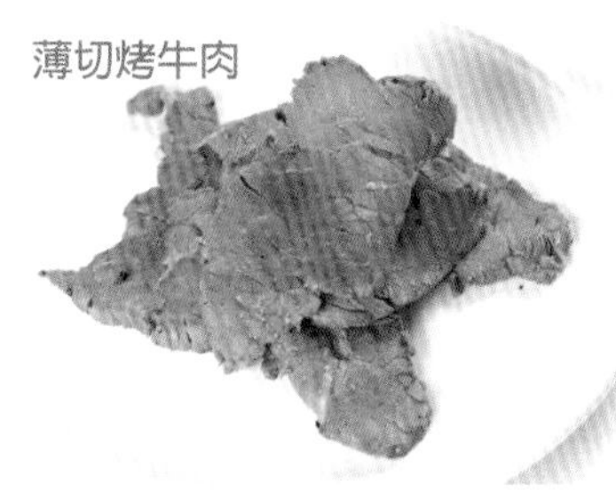

超級好運用的烤牛肉搭乾麵

材料 2～4人份

約克夏布丁(Yorkshire pudding)材料

牛奶300毫升

麵粉100公克

雞蛋3顆

橄欖油1/2小匙

鹽1/4小匙

其他材料

豬肉香腸250公克

青花菜60公克 份量隨意，可以其他耐烤蔬菜替代

櫻桃番茄120公克 番茄乃食用時醬料的來源，不可省略

做法

1 做約克夏布丁：將所有材料混合均勻，擺冰箱10分鐘以上

2 香腸煎上色，取合適大小烤盤，然後擺進鬆弛過的麵糊，加上蔬菜，預熱過的烤箱200°C烤20～25分鐘，熄火靜置烤箱10～15分鐘

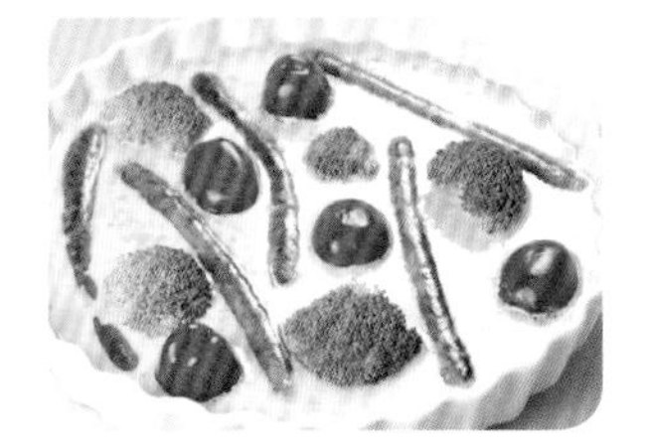

Toad in the hole

香腸約克夏布丁

香腸約克夏布丁其實是蟾蜍在洞，即香腸擺進約克夏布丁Yorkshire pudding麵糊裡進烤箱烘烤，是傳統英國餐點。其名稱由來有一個說法是它長得像18世紀英國 pub 裡常玩的圓盤遊戲，而那個遊戲就叫 Toad in the Hole。至於約克夏布丁通常是和烤肉及肉汁一起食用，當然也可以加果醬或糖粉當甜品。在以前比較貧窮的時代它是英國人星期天中午的主食，佐馬鈴薯或其他蔬菜。

魔法筆記 46

▲ 可將煎香腸的油脂連同香腸一起倒進麵糊裡，添香氣。

方便做番茄醬

▲ 番茄經過烘烤，壓碎的汁液和肉汁及菜汁混合是方便醬料。

Part 2……

魔法廚房。輕鬆上桌

20道做法簡單口味卻不簡單的佳餚，
一眨眼就完成！

材料 4～6人份

義大利培根(pancetta) 120公克
挑肥肉多的，可以一般培根替代

辣椒1根 去籽切細條

拳頭大小洋蔥1顆 切細丁

番茄450公克 去皮去籽切細丁

直麵(spaghetti)500公克

Pecorino 起司100公克 磨碎，
可以帕馬森起司(Parmesan)替代

橄欖油視狀況

羅勒(basil)隨意

鹽和黑胡椒粉適量

做法

1 取平底鍋，小火乾煸培根5～8分鐘，小心不要焦，取出，置於廚房紙巾上瀝油，待涼後碾碎

2 原鍋(可酌量添加橄欖油)洋蔥和辣椒炒至軟，加入番茄續炒15～20分鐘，調味

3 加入直麵(事先煮至七分熟)和培根屑，拌炒至入味，再次調味

4 食用時撒上起司屑和羅勒葉，視個人喜好淋橄欖油

Spaghetti all'Amatriciana
培根番茄直麵

我在讀義大利番茄醬料時得知 Amatriciana醬，
它是以豬頰肉做成的肥美培根、綿羊奶pecorino 起司和
番茄料理而成，培根的油香和番茄的酸甜完美結合，
是此醬料的重點，以此做出的義大利麵是真美味。

魔法筆記 47

這道料理的重點是肥滋滋的豬頰肉培根香，但因為不好取得，所以我選肥一點的pancetta 替代，不知道將我們吃的肥臘肉切薄片，然後入鍋煸，做出的味道如何？要不要試試看呀？

材料 4～6人份

鯷魚青醬(Pesto)材料

羅勒(basil)50公克

松子50公克

大蒜 2瓣

帕馬森起司(Parmesan) 30 公克

醃漬鯷魚菲力5條，大約20公克

檸檬汁 1大匙

橄欖油75毫升或更多

其他材料

中空捲捲麵(fusilli bucati)300公克

馬鈴薯200公克　去皮切塊

四季豆100公克

鹽和黑胡椒粉適量

Fusilli bucati al pesto, potatoes, green beans, pine nuts

鯷魚青醬捲捲麵

青醬算是最有名的義大利麵醬之一，我曾淋朝鮮薊、搭烤鮪魚，也曾拌了煮熟的馬鈴薯吃，當然也吃過青醬直麵，竟然未曾料理過傳統吃法青醬捲捲麵。

做法

1 做青醬：除了橄欖油外，所有食材用食物調理機打碎，然後徐徐注入橄欖油，攪拌均匀

2 料理蔬菜：馬鈴薯平放盤子上，封上保鮮膜，微波爐600瓦煮6分鐘，同時熱水煮豆子5～8分鐘

3 取料理盆，擺上捲捲麵(事先煮至喜歡的熟度)、青醬和蔬菜，攪拌均匀，調味

魔法筆記 48

▲ 傳統青醬做法是用研缽慢慢磨碎食材，再和橄欖油混合，我的做法算是取巧的偷吃步。

▲ 做青醬麵時，不需要加熱青醬，麵的溫度足以喚醒青醬的香氣。

N年前旅遊德國時，在萊茵河沿岸一家義大利小館
第一次品嚐焗烤貝殼麵，過多過膩的起司奶醬汁和
過軟的貝殼麵倉皇失措的演出，讓我好多年都不碰類似麵點。
對義大利飲食略有了解後，堅信沒有難吃的義大利麵，
只有沒料理好的義大利麵，因此我換個姿勢再來一次！

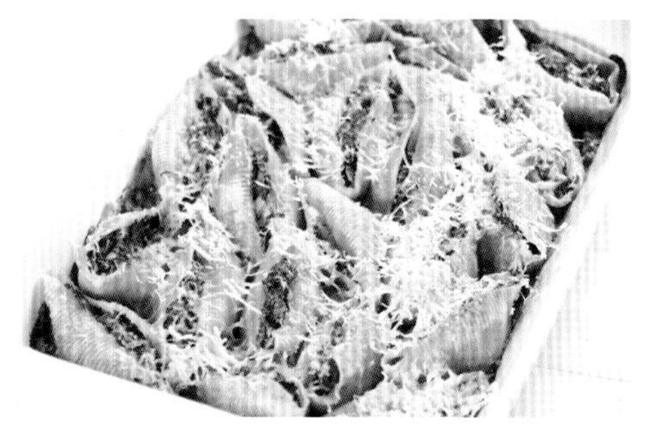

焗烤菠菜貝殼麵

Conchiglie giganti, spinach stuffing, tomato sauce, Parmesan gratin

如果喜歡吃濕軟口感，可以多煮一點番茄醬汁並且多撒一點起司粉，但請適量。

材料 4人份

番茄醬汁材料

橄欖油2大匙

洋蔥1顆 切細丁

大蒜2瓣 拍碎

罐頭番茄粒500公克

可以新鮮番茄去皮去籽切丁替代

鹽和黑胡椒粉適量

菠菜起司餡材料

菠菜500公克

Ricotta 起司250公克

可以馬芝瑞拉起司(mozzarella)替代

肉豆蔻粉(nutmeg)1小匙

鹽和黑胡椒粉適量

其他材料

大貝殼麵(conchiglie giganti)20～24個

帕馬森起司(Parmesan) 50 公克 磨碎

橄欖油適量

做法

1 做番茄醬汁：取醬汁鍋，小火橄欖油炒大蒜和洋蔥8～10分鐘或至軟，加入番茄粒煮30分鐘，調味

2 做菠菜起司餡：菠菜平放盤子上，封上保鮮膜，微波爐600瓦煮5分鐘，切碎並且擠乾湯汁，然後加入其他材料混合均勻

3 將番茄醬汁均勻鋪在烤盤上，每個貝殼麵(事先煮至七分熟)填入菠菜起司餡，擺在醬汁上，撒上帕馬森起司、淋上橄欖油，預熱過的烤箱180°C烤30分鐘

材料 4人份

橄欖油3大匙

大蒜2瓣 拍碎

乾燥羊肚菇(morel)15公克

泡溫水10分鐘，備用

綜合野菇400公克

馬莎拉酒(Marsala)100毫升

可以紅酒替代

泡菇水50毫升

百里香(thyme)適量

蝴蝶麵(farfalle)350公克

無鹽奶油50公克

鹽和黑胡椒粉適量

Farfalle multicolore, wild mushrooms, black morel mushrooms cooked in Marsala

馬莎拉酒煮羊肚菇蝴蝶麵

愛吃愛做義大利麵，因此常有突發奇想，

例如：如果用西方野菇西方香料炒過，再和煮過的義大利麵拌炒是不是就是香菇什錦炒麵的地中海版？既然想到就要試試看。

魔法筆記 

最後不加奶油的話，這道麵可以冷著吃，像吃沙拉，非常爽口。

做法

1 取平底鍋，小火橄欖油炒大蒜，加入羊肚菇和綜合野菇，轉中小火炒5～8分鐘，加入酒、泡菇水(小心不要把沉澱物倒出來)和百里香，大火煮15分鐘，調味

2 蝴蝶麵(事先煮至七分熟)入鍋拌炒至入味，再加入奶油，煮至喜歡的熟度，再次調味

魔法筆記 

▲ 如果喜歡吃多汁口感，可以多添點牛奶。

▲ 如果沒有筆管麵，建議使用有厚度的短麵，方可支撐此強烈而令人上癮的醬汁。

材料 4人份

筆管麵(penne)350公克

Gorgonzola dolce起司400公克

捏碎，可以其他藍紋起司替代

橄欖油3大匙

溫牛奶250～300毫升

大蒜2瓣 磨泥

甜椒3顆 切片

Pecorino 起司100公克

磨碎，可以帕馬森起司(Parmesan)替代

黑胡椒粉適量

Penne, multicolored peppers,
Gorgonzola sauce, pecorino gratin

焗烤甜椒筆管麵

基本上阿莫先生和我不會厭了義大利麵，
但吃久了醬料義大利麵時，我就會做焗烤義大利麵。
煮好的麵，不管有沒有加其它料，但是一定會鋪上厚厚的起司
進烤箱"加工"成為我們的愛愛餐^^

做法

1 取料理盆，擺上筆管麵(事先煮至七分熟)、Gorgonzola dolce 起司、鹽、黑胡椒粉和橄欖油，攪拌均勻

2 牛奶和大蒜泡好備用

3 將起司義大利麵移到烤盤，淋上牛奶大蒜泥，鋪滿甜椒，再灑上pecorino起司，預熱過的烤箱180°C烤30分鐘

當我得知義大利人會以核桃屑煮成麵醬時，心裡偷偷笑，這不就跟我們的麻醬麵一樣嗎？

核桃醬空心直麵

Bucatini,
walnut / mascarpone sauce

材料 4人份

核桃150公克 切碎，另備少許最後灑盤上

無鹽奶油10公克

蔬菜高湯150毫升 可以沒添加香料雞高湯替代

馬斯卡彭起司(mascarpone) 150公克 可以酸奶(sour cream)替代

肉豆蔻粉(nutmeg)1小匙

空心直麵(bucatini)350公克

芝麻菜(rocket)適量

橄欖油適量

鹽和黑胡椒粉足量

做法

1. 做核桃醬：取平底鍋，小火奶油炒核桃屑，花點時間炒出香味來，加入高湯後，大火煮滾，稍稍收乾湯汁，然後轉小火，加入起司，攪拌均勻，熄火，撒肉豆蔻粉並且調味

2. 加入空心直麵(事先煮至喜歡的熟度)，攪拌均勻，再次調味

3. 食用時撒芝麻葉和核桃屑，視個人喜好淋橄欖油

魔法筆記 53/54

▲ 調味時，鹽和黑胡椒粉一定要用足量，不要手軟，才可以讓核桃和肉豆蔻粉從起司的奶味中跳出來。

▲ 我在某次的廚房遊戲中，煮出麻辣空心直麵，發現它會吸取大量濃稠湯汁，食用時非常過癮，決定用這麵搭配核桃醬。

Lasagne, béchamel sauce, tiger prawns, green asparagus

鮮蝦牛奶白醬千層麵

牛奶白醬的基本材料是奶油、麵粉和牛奶，
乃法式料裡中四大醬料之一，而白醬 White sauce
則是以肉高湯替代牛奶製作而成，兩者食材略異，做法一樣，
用途也幾乎一樣，味道卻不一樣^^

材料 1～2人份

牛奶白醬(Béchamel)材料

無鹽奶油40公克
麵粉40公克
牛奶400毫升
肉豆蔻粉(nutmeg)1/2～1小匙
鹽和黑胡椒粉適量

千層麵餡料

鮮蝦150公克 切丁
馬芝瑞拉起司(mozzarella)50公克 切塊
蒔蘿(dill)5公克 去粗莖
檸檬汁1小匙
橄欖油2大匙
鹽和黑胡椒粉適量

其他材料

千層麵(lasagna)約8×15公分5片
蘆筍100公克 使用細蘆筍或粗蘆筍切細條

做法

1 做牛奶白醬：取醬汁鍋，小火加熱奶油並且和麵粉混和均勻，再徐徐加入牛奶攪拌均勻，然後加入肉豆蔻粉並且調味

2 做千層麵餡料：所有材料攪拌均勻，調味

3 烤盤上先淋四分之一牛奶白醬，然後一片千層麵(事先煮至七分熟)一層餡料，至第四片麵和餡料時，淋上四分之二的牛奶白醬，蓋上最後一片千層麵後，再淋剩餘的醬汁，預熱過的烤箱180℃烤20分鐘

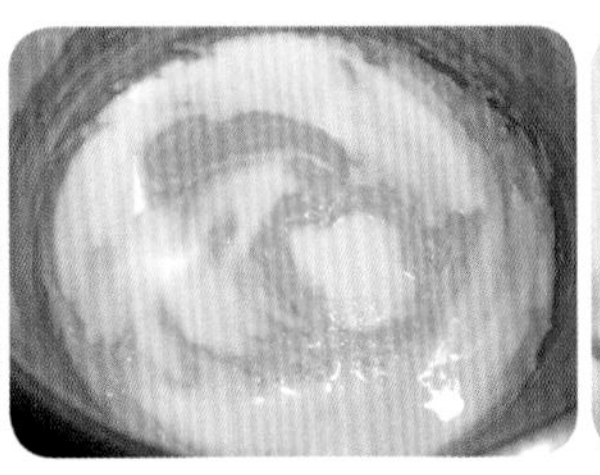

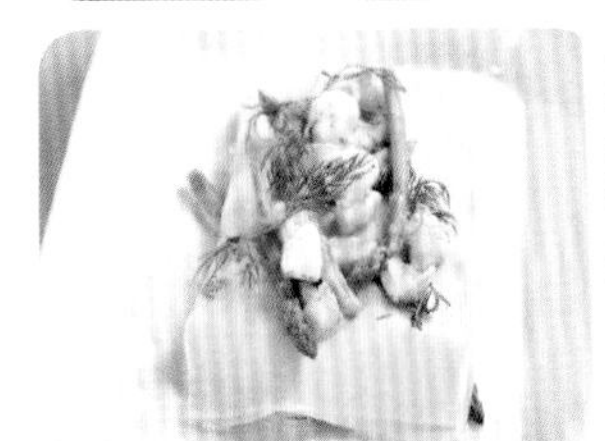

▲ 如果喜歡濕軟口感的麵，可以淋完所有醬料後，撒上厚厚的帕馬森起司粉

▲ 如果以波隆那肉醬(本書第68頁)替代鮮蝦餡料，最後灑上厚厚的帕馬森起司，就是有名的肉醬千層麵Lasagna all'Emiliana。

廚房好朋友~

球莖茴香。茴香。蒔蘿

球莖茴香

我在威尼斯旅行的時候第一次吃到甘茴香沙拉，一見鍾情。

在台灣時，一直以為傳統市場的茴香或是市場上賣的茴香水餃是這個球上面的頭毛，細查才知道錯了！

甘茴香(Florence fennel)也有人叫球莖茴香(fennel bulb)，是球莖特別被栽種的茴香家族植物，西方人當蔬菜用，它有很濃的八角味，跟洋蔥一樣烤起來會有甜味，甘茴香是義大利人喜愛的蔬菜。切片切條的球莖茴香，脆脆硬硬的，生食熟食皆可，我覺得洋蔥可以使用的烹調法，幾乎都可被置換。

這是茴香(fennel)，葉子長得像細針，跟甘茴香上面的頭毛很像，原產於地中海區，多年生高大耐寒的植物，最高可以長到150公分左右，想當然耳，跟甘茴香一樣帶有八角味，舌尖會嚐到似有似無的甜味。

台灣比較常見茴香，歐洲反而少，移居荷蘭後，市場僅見球莖茴香和蒔蘿。

老實說，茴香當蔬菜食用時口感不佳，適合切碎後取其香味，除了和魚肉雞肉合搭之外，茴香和豬肉也蠻速配的。

茴香子(fennel seeds)常被用於香腸、湯品和麵包上。

這是蒔蘿(dill)，原產地在俄國南部、西亞地區和地中海東岸，一年生植物。

蒔蘿的葉子像羽毛，有大茴香氣味並且帶點檸檬香氣，口感像巴西利(parsley)，希臘料理大量使用蒔蘿。

蒔蘿適合搭海鮮和雞肉，蒔蘿子(dill seeds)非常漂亮，香氣優雅，可以用來醃漬食物。

茴香

茴香籽

蒔蘿

蒔蘿籽

這道以起司、蛋黃和蒜香橄欖油組成的義大利麵
是我無意中做出來的，沒想到變成家常麵。
它實在太容易備料和操作了，只要是可以和麵拌在一起的起司
都可運用，唰一唰，好料上桌。

松露姐姐家常麵

TruffleRose signature pasta

起司脆片

材料 2人份

Pecorino 起司60公克 刨絲，一半做起司脆片，一半煮麵用，可以帕馬森起司(Parmesan)替代，起司屑30公克可做約4片脆片

大蒜3瓣 不去皮，敲碎

橄欖油3大匙

直麵(spaghetti)200公克

Ricotta 起司60公克 可以pecorino 起司或帕馬森起司(Parmesan)30公克替代

有機雞蛋黃2顆

松露片適量 新鮮或罐頭包裝皆可，可省略

鹽和粗黑胡椒粉適量

做法

1 做起司脆片：在墊了烘焙紙或矽膠墊的烤盤上，將起司屑塑成圓扁狀，稍稍壓緊，預熱過的烤箱180°C烤8～10分鐘，至起司融化上色，然後一旁置涼

2 直麵煮至喜歡的熟度，放在料裡盆或平底鍋

3 取醬汁鍋，小火橄欖油泡大蒜，泡出香味，大約1分鐘，將油倒到麵上(不含大蒜)，快速攪拌，然後加入起司和蛋黃，攪拌均勻，調味

魔法筆記 57～59

蓋厲害起司脆片

▲ 如果沒有烤箱，可以把起司屑放在不沾鍋上，最小火乾鍋將起司屑烘融化。

▲ 起司脆片可多做一點，可在保鮮盒裡室溫儲存三天左右，拌麵拌沙拉當零食吃都行。

▲ 如果喜歡吃大蒜粒，可以直接在平底鍋小火橄欖油將大蒜泡出香味，放入煮好的麵，熄火，然後繼續之後的步驟。

▲ 添加松露和起司脆片是豪華版的家常麵^^

▲ 許多網友問我松露的氣味，我個人認為松露有股潮濕氣味，，而那氣味在達到發臭發酵的邊緣前停止；松露的香氣是動態是進行式的，因此神祕難以捉摸；品嘗松露的美好，主要因為其氣味從上桌至入口，甚至離席後，營造出一股華麗溫暖的氛圍，擁抱身心。

波隆那肉醬

Timballo of zita pasta and
Bolognese sauce, Parmesan gratin

肉醬麵派

Timballo 是盛行於南義的烤麵、飯或馬鈴薯料理，
成品樣子跟一般蛋糕或派相似，通常會加蔬菜和肉當內餡，
在許多地區，它是特別慶典的食物。
我在派裡填波隆那肉醬Bolognese sauce，不僅想介紹這道口感
華麗的麵食，同時分享香醇甜美的波隆那肉醬。
如果嫌麵派"厚工"不好操作，沒關係，換上容易讓醬料附著的
寬面麵條，煮好的麵條和肉醬喇一下，來盤義大利肉醬麵吧^^

材料 4～6人份

波隆那肉醬(Bolognese sauce)材料

橄欖油2大匙
比拳頭大一點的洋蔥1顆
牛絞肉和豬絞肉各250公克
番茄糊(tomato paste) 70公克
番茄1公斤 去皮去籽切細丁
鹽和黑胡椒粉適量

其他材料

長管麵(zita)300公克
帕馬森起司(Parmasen)40～50公克 磨碎
橄欖油適量
錫箔紙

魔法筆記 60

▲ 我看 Antonio Carluccio 在電視示範做肉醬時，老先生雙手合掌說，拜託拜託，不要加任何香料，堅持要加的話就是一點點大蒜，但是我不建議。我乖乖照他的說法，僅用蔬菜的甜味結合肉的香氣，做出我吃不膩的波隆那肉醬。

▲ 肉醬可以一次多做一點，分裝凍起來，做成肉醬麵或是夾麵包，非常方便。

做法

1 做波隆那肉醬：取平底鍋，小火橄欖油炒洋蔥，炒出香味後，加入絞肉炒上色後，加入番茄糊攪拌均勻，再加入番茄炒至軟，小火煮2～2.5小時，湯汁稍稍收乾

2 在直徑20公分的烘烤盤上，底層和盤邊緣鋪上長管麵(事先煮至五分熟)，然後填入肉醬，頂層在鋪上長管麵，撒上起司，蓋上錫箔紙，預熱過的烤箱180°C烤1小時，最後10分鐘取掉錫箔紙，表面烤上色

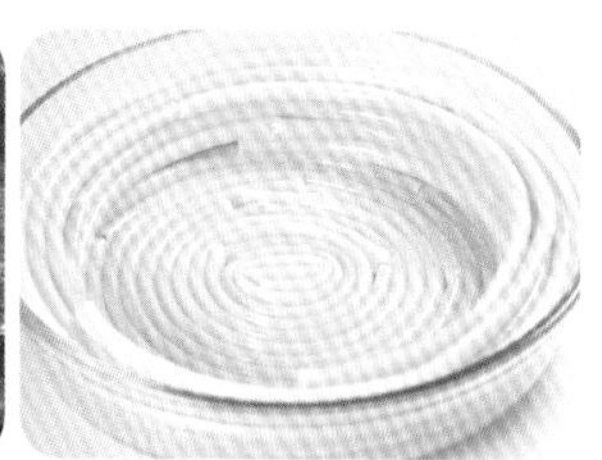

廚房好朋友～

番茄醬。番茄漿。番茄泥。番茄糊。

左至右：番茄醬/番茄泥/番茄糊

若要問我做菜時最常用的蔬菜是什麼，我會回答洋蔥和番茄，洋蔥提供甜味，番茄提供酸味，兩者都是風味的來源。

尤其是番茄，它不僅以新鮮番茄、風乾番茄、漬番茄、油封番茄等等等的各種姿態出現，也以醬呀泥的糊等名稱出現，甚至番茄汁都可入菜。缺了番茄，我許多菜都做不成。

以下是市面上常見的番茄製品～

番茄醬(tomato sauce)：番茄添加香草、香料以及其他蔬菜經過烹煮收乾湯汁等步驟製作而成的醬料，通常當義大利麵醬或淋在烹調過的肉上一起食用。美國人則當成調味料，廣泛運用，甚至給它一個專有名稱，即 ketchup。焗烤菠菜貝殼麵(本書第58頁)做出來的醬料即番茄醬。

番茄漿(tomato pulp)：本書只要提到"番茄去皮去籽切碎"的料理步驟，所處理出來的新鮮番茄即是。

番茄泥(tomato purée)：番茄去皮去籽後，經過烹煮，置入機器打成泥，所含水份多，不是呈濃稠狀。

番茄糊(tomato paste)：其傳統作法源於西西里島，將濃縮了的番茄泥塗抹在木板上，置於盛夏室外，讓陽光將水分曬乾至可以輕易刮取。現代的做法就是不斷加熱再加熱直至水份收乾。

就我的理解，番茄糊是精粹了的番茄泥，兩者皆有純番茄版本和添了香草的版本。

家裡附近有一家義大利雜貨鋪，老闆是南義人，賣義大利蔬果、
起司、點心和罐頭，也有料理好的漬蔬菜和義大利麵，
我在那裡第一次吃到千層麵捲南瓜泥，回家憑著感覺給它變出來^^

Lasagna roll, mashed butternut squash, sage butter

奶油瓜千層麵捲

材料 4人份

奶油瓜起司餡材料

奶油瓜(butternut squash)600公克 切塊，可以南瓜替代

Ricotta 起司150公克 可以馬芝瑞拉起司(mozzarella)替代

帕馬森起司(Parmesan) 100 公克 磨碎

麵包粉10公克

杏仁片10公克 先乾鍋烘出香味

肉豆蔻粉(nutmeg)1小匙

鹽和黑胡椒粉適量

鼠尾草香料油材料

橄欖油3大匙

大蒜3瓣 不去皮拍碎

鼠尾草(sage)10公克

無鹽奶油50公克

鹽和黑胡椒粉適量

其他材料

千層麵(lasagna) 約8×15公分10片

橄欖油適量

做法

1 做奶油瓜起司餡：奶油瓜平放盤子上，封上保鮮膜，微波爐600瓦煮15分鐘，去皮後用壓泥器壓成泥，加入其他材料，混合均勻

2 做千層麵：千層麵(事先煮至喜歡的熟度)冷水沖過，稍稍瀝乾，平鋪料理台上，塗上適量的餡料，捲捲捲，放置烤盤，淋上橄欖油，預熱過的烤箱180°C烤5～10鐘

3 做鼠尾草香料油：取平底鍋，小火橄欖油煎大蒜，煎出香味後去除大蒜，原鍋原油煎鼠尾草30秒，加入奶油攪拌至融化，調味

魔法筆記

▲ 烤千層麵的時間，視個人對軟硬度的喜好增刪，不要烤焦即可

▲ 鼠尾草香料油也可以直接拌煮熟的義大利麵條，很好運用。

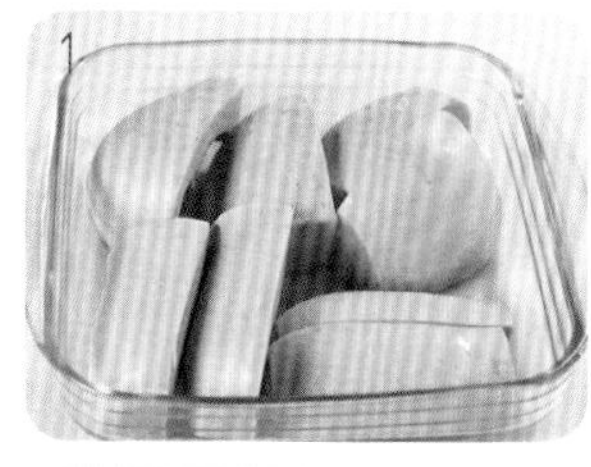

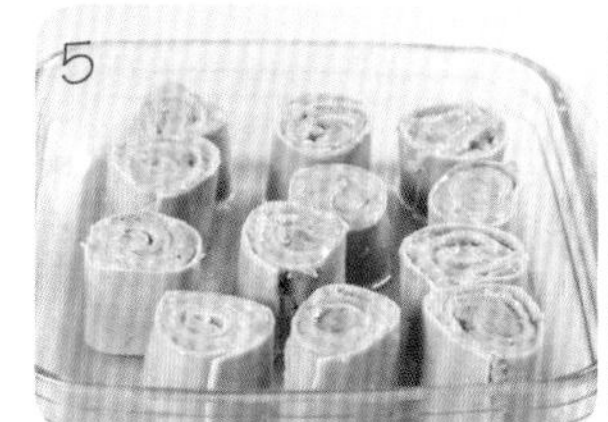

Cooked,
then baked corn on the hob

燒番麥

路邊吃烤玉米應該是台灣小孩共同的經驗，
無論春夏秋冬，一根烤玉米，邊走邊啃，是美好的回憶。
思思念念，於是在家做出屬於我的燒番麥。

材料 4人份

甜玉米含葉子4根
醬油2大匙
純辣醬2大匙 辣度視個人喜好增減
蜂蜜2大匙
印尼三巴醬(sambal)2大匙 可以沙茶醬替代
米酒1大匙
蔬菜油1小匙

做法

1 玉米以葉子覆蓋，平放盤子上，封上保鮮膜，600瓦煮12～15分鐘

2 將所有材料混合均勻，刷在微波後的玉米(先拔掉葉子)

3 玉米放置烤盤上，預熱過的烤箱180°C烤15分鐘左右，喜歡乾一點口感可以烤久一點，只要不焦黑即可

魔法筆記 63

快速煮玉米的秘訣

▲ 玉米以葉子覆蓋後，利用微波爐烹煮，每根玉米約烹煮3～4分鐘，可以方便且快速做出煮玉米。

▲ 微波烹調過的玉米，表面灑上鹽，稍微磨搓，即鹽水煮玉米^^

Potato salad, smoked salmon

馬鈴薯沙拉盅

有時候剩餘幾顆小小馬鈴薯，不能料理成套菜餚，我會做馬鈴薯沙拉給阿莫先生當點心，單吃即可，加燻鮭魚、培根片或魚卵更美味。

材料 2～4人份

馬鈴薯500公克

櫻桃蘿蔔(cherry radish)50公克 切絲，可以芹菜或小黃瓜替代

第戎芥末子醬2小匙

蜂蜜2小匙

高脂鮮奶油(crème fraiche)5大匙 可以酸奶(sour cream)或原味優格替代

鹽和黑胡椒粉適量

另備

燻鮭魚

做法

1 馬鈴薯皮上畫幾刀，平放盤子上，封上保鮮膜，微波爐600瓦煮10分鐘，撕掉馬鈴薯皮

2 馬鈴薯切小塊，加上所有材料混合均勻

魔法筆記 64

方便做馬鈴薯三明治

這是我的救急菜，每當想不到配菜時，馬鈴薯沙拉是我的依靠；它不僅是最佳配菜、最佳趴踢點心，也是三明治的好餡料。

Oven baked fried leek, Brin de Paille, pancetta

烤韭蔥起司

在台灣時我不愛吃蔬菜，可能跟媽媽常做燙青菜或是
水煮蔬菜湯有關，水煮過的蔬菜失了甜味，
好似失了風華的女人，不愛不愛。
移居荷蘭後，發現烤蔬菜會讓蔬菜香味精粹，甜味倍增；
這道菜即是一例，韭蔥稍稍焦糖化，甜滋滋又吸取酒香，
搭著起司，真是天上美味。

魔法筆記 65

餐桌致勝料理

烤起司、火腿(或培根)和蔬菜的組合，是我無往不利的餐桌致勝料理。

材料 1人份

橄欖油1大匙

大蒜3瓣 不去皮，稍微拍碎

韭蔥(leek)90公克 對半切，可以日本大蔥替代

不甜白酒2大匙

Brin de Paille 起司90公克 可以brie起司或一般焗烤起司替代

火腿2片

白胡椒粉適量

另備

麵包或脆餅乾

做法

1 可進烤箱的小煎鍋，小火油煎大蒜，煎出香味後，轉中火煎韭蔥，兩面各煎1分鐘，灑白酒再煎1分鐘，調味

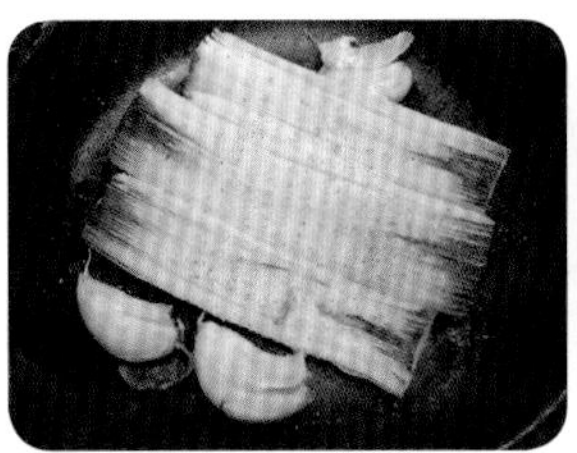

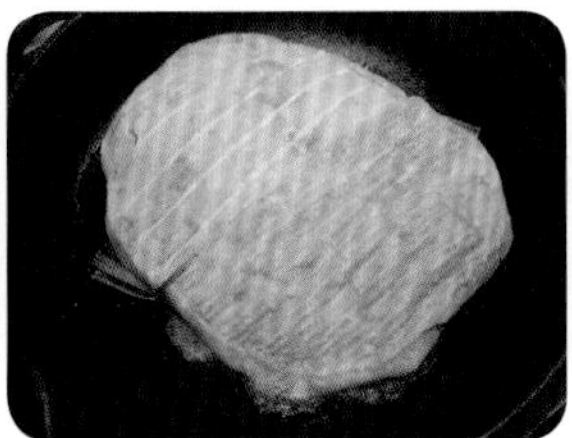

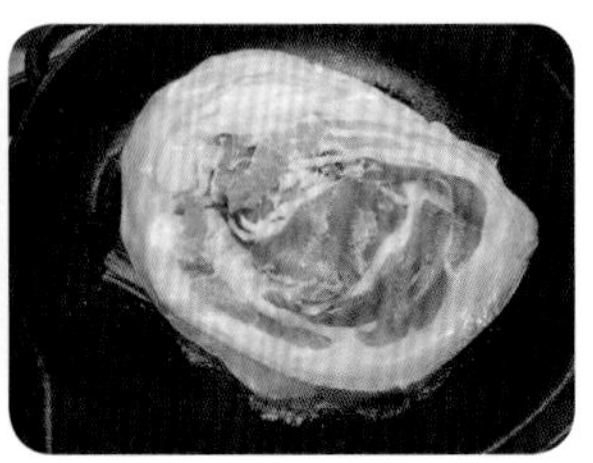

2 依序擺上起司和火腿，預熱過的烤箱180°C

Sweet eggs sunny side up

甜蜜太陽蛋

冰淇淋是家裡一年四季的食物，冬天開暖氣吃冰淇淋，
跟台灣夏天開冷氣吃火鍋一樣的風情^^
某次看英國甜點名廚 James Martin 示範做冰淇淋，
才知道煉乳可以取代蛋黃做出美味可口的冰淇淋。

材料 (可作約8球冰淇淋)

煉乳200公克

牛奶100公克

高脂鮮奶油(crème fraiche)100公克

可以酸奶(sour cream)或原味優格替代

香草籽半根的量

罐頭水果適量

薄荷葉適量

做法

1 將煉乳、牛奶、高脂鮮奶油和香草籽充分混合，放進冰淇淋機按照指示製作即可

2 盤飾水果和薄荷葉

魔法筆記

方便做冰淇淋

▲ 如果沒有冰淇淋機，可以將調好的冰淇淋糊放冷凍庫冰大約2小時，至幾乎冷凍的程度，然後放進果汁機打到綿密，再放回冷凍庫冰到喜歡的口感即可享用。

▲ 煉乳可以取代蛋黃做出美味可口的冰淇淋。

▲ 如果沒有果汁機，可用大湯匙刮鬆幾乎結凍的冰淇淋糊，然後放進冷凍庫冰凍，如此反覆兩三次。

Smoked salmon and rice tower

燻鮭魚蘋果米飯塔

我不愛吃米飯，但是變點花樣的米飯料裡我卻愛，
尤其喜愛甜蘋果、檸檬皮屑和粗黑胡椒粒的奇異口感，
我相信，不愛吃米飯的小朋友也會被降伏！

魔法筆記 68

剩飯好料理

可利用家裡吃剩的畸零飯做成如此美麗的米飯料理，所謂剩飯也是有春天。

材料 2人份

濕潤溫米飯1碗
檸檬汁2小匙
檸檬皮屑1顆的量
甜蘋果薄片10片
小黃瓜薄片10片
燻鮭魚70公克 切丁切塊皆可
水耕芽菜適量
鹽和粗黑胡椒粒適量

做法

1 將米飯、檸檬汁、檸檬皮屑、鹽和粗黑胡椒粒攪拌均勻

2 擺好蘋果片，依序疊上飯和小黃瓜片

3 最後擺上燻鮭魚和水耕芽菜

莎莎醬

Deconstructed guacamole

酪梨莎莎船

我愛吃酪梨，單單鹽、黑胡椒粉調味再灑上
特級橄欖油和幾滴檸檬汁，就可讓我胃口大開。
我也常對切酪梨進烤箱烤10分鐘，然後淋上蜂蜜，
佐藍紋或白黴起司當甜點。
酪梨和番茄一樣，遊走於鹹品和甜點、
蔬菜和水果之間，在我的廚房遊戲裡，
扮演著不可或缺的角色。

材料 4人份

莎莎醬(Salsa)材料

比拳頭小一點的番茄1顆 去籽切丁

檸檬皮屑1顆的量

檸檬汁1小匙

辣椒1/2根 切丁，嗜辣者可以留籽

香菜適量 切碎

鹽和黑胡椒粉適量

其他材料

酪梨2顆

紅石榴適量 可省略

做法

1 做莎莎醬：所有材料切碎混合後，擺10分鐘

2 酪梨對切，去籽，加熱過的烤盤烤1分鐘左右

魔法筆記 69

▲ 其實這是解構酪梨醬(guacamole)，傳統的酪梨醬是莎莎醬裡添上切碎的酪梨，而我，讓酪梨獨立出來，當主角。

方便做酪梨醬三明治

▲ 可將酪梨和莎莎醬用攪拌器打碎，當成三明治的餡料。

Insalata Caprese mousse

夢幻卡布里沙拉

通常卡布里沙拉是羅勒葉、番茄片和馬芝瑞拉起司片
穿插擺放躺在盤子上，淋上橄欖油或是義大利葡萄醋 balsamic，
我看膩了躺下來的卡布里沙拉，在上一本書做了疊高高的版本，
並且用青醬取代新鮮羅勒葉；
這次我又出招了，我要做泥狀卡布里沙拉。

魔法筆記 70

▲ 可搭配烘烤過的松子一起食用，增加口感。

方便做卡布里三明治

▲ 泥狀卡布里沙拉可以當趴踢點心，青醬和起司泥搭番茄片可做成三明治。

青醬

材料 2人份

青醬材料

羅勒(basil)30公克
松子30公克 先乾鍋烘過
帕馬森起司(Parmesan)30公克
大蒜1瓣
沙拉用橄欖油3～4大匙
粗黑胡椒粒適量

其他材料

馬芝瑞拉起司(mozzarella)130公克
Ricotta 起司50公克
比拳頭小一點的番茄2顆 去籽切丁
檸檬汁1小匙
沙拉用橄欖油1/2小匙

做法

1. 馬芝瑞拉起司和ricotta 起司攪拌均勻
2. 切丁的番茄、檸檬汁和橄欖油攪拌均勻
3. 做青醬：除了橄欖油外，用食物調理機或研缽把青醬材料攪碎，然後徐徐注入橄欖油攪拌均勻

Butterfly paté, wild berries

肝醬莓果沙拉

一般人以為鵝肝醬和鴨肝醬一定要乖乖抹麵包或搭沙拉葉吃，其實肝醬的野味和莓果超級速配。

魔法筆記 71

▲ 圖中的新鮮莓果皆可以果醬替代，或交叉運用，也可以適度添加葡萄乾、蜂蜜或義大利葡萄醋。

方便做肝醬三明治

▲ 肝醬搭莓果醬可做成三明治。

材料 2人份

大小適中的模型1個

市售肝醬80～100公克 可以14頁的甘邑雞肝醬替代

草莓、藍莓、紅醋栗、角醋栗適量

做法

1. 肝醬置於室溫中至稍稍軟化，然後填入模型，擺冰箱20分鐘左右，讓形狀固定

2. 擺盤時，放上喜歡的莓果

Baked mushrooms stuffed with Gorgonzola dolce

烤蜂蜜起司蘑菇

我常用Gorgonzola dolce 加蜂蜜或果醬讓阿莫先生當點心吃，
有一次遊戲般的把剩餘起司和蜂蜜塗上蘑菇進烤箱，
竟然變出好滋味，於是阿莫先生和我多了一道下酒菜。

魔法筆記

▲ 可將煎焦脆的培根撕碎，食用時撒上去，更添氣味。

菇菇好料理

▲ 可將其他野菇切成小份量，上頭淋上起司蜂蜜糊，進烤箱，好料一盤。

▲ 一般人認為不可洗蘑菇，因為蘑菇像個小海綿會吸取過多水份，甚至失去香味。其實，快速沖洗蘑菇，然後用乾布擦乾，無損其香氣。切記，蘑菇需要沖澡，而不是泡澡。

材料 4～6人份

Gorgonzola dolce起司125公克 室溫狀況，可以其他藍紋起司替代
蜂蜜30公克
沙拉用橄欖油3大匙
大蒜1瓣 切碎
粗黑胡椒粒1/2～1小匙
鹽適量
直徑4公分左右蘑菇18～20朵 去蒂
檸檬汁適量

做法

1 除了蘑菇和檸檬汁以外，所有材料混合均勻

2 將起司蜂蜜糊填入蘑菇，預熱過的烤箱180°C烤10分鐘

3 食用時灑上檸檬汁

Sweet corn pancakes

香煎玉米餅

孩童時代，在我不認識酪梨、且將番茄當成水果時，
玉米是我最愛的"蔬菜"。有多愛？煮熟玉米拍拍鹽，
我可以連吃好幾餐。
長大後認識玉米罐頭，那更可說是感情融洽，簡單罐頭玉米撒上
蔥花就是好料，玉米加進辣泡麵也是一餐，
玉米炒蛋玉米炒肉玉米炒飯我都愛！

材料 2～4人份

普通麵粉5大匙
水5大匙
雞蛋2顆
罐頭玉米300公克 水份瀝乾
櫻桃蘿蔔30公克 切絲
橄欖油適量

另備

泰式酸辣醬、小黃瓜絲和辣椒絲

做法

1 麵粉和水攪拌均勻後加入蛋攪拌成蛋糊

2 玉米和蘿蔔絲加進蛋糊

3 取平底鍋，熱鍋熱油，倒入適量玉米蛋糊，兩面各煎上色

魔法筆記 74

▲ 可添加香菜或其他喜歡的蔬菜，也可加入培根丁，豐富滋味。

甜甜玉米餅料理

▲ 省略櫻桃蘿蔔，簡單水、麵粉、蛋和玉米煎成餅，搭蜂蜜、楓糖或果醬，變身甜餅。

Part 3……

漫遊。味蕾的旅行

名廚名菜的究極居家版9道

材料 (可做約900毫升冷湯)

番茄250公克 去皮去籽

小黃瓜150公克 另備少許切條搭湯吃

洋蔥1/2顆

甜椒1/2顆

大蒜1瓣

涼開水400毫升

柳橙汁2顆的量

甜雪莉酒(Sherry)1大匙 可以紅酒替代

雪莉酒醋2大匙 可以紅酒醋替代

橄欖油1大匙

鹽和黑胡椒粉適量

做法

1 將所有材料用食物調理打碎

2 調味後放進冰箱冰至喜歡的涼度

Gazpacho: cold Spanish soup

西班牙番茄冷湯

西班牙番茄冷湯源於安達魯西亞地區，
是以番茄為基底的新鮮蔬菜湯，
目前在西班牙、葡萄牙和拉丁美洲廣為流傳。
說是冷湯，其實倒像我們常喝的番茄果菜汁，
只不過添了酒、酒醋、鹽和黑胡椒罷了。
據說安達魯西亞傳統冷湯添加老麵包，現在比較受歡迎的反而是
沒有麵包的版本，我喜歡沒有麵包的版本。

魔法筆記

▲ 材料可切成同大小體積，打碎後的顆粒不會相差太大。

▲ 不要打太碎，留點顆粒，口感較有層次。

▲ 如果小黃瓜量加大，省略甜椒，以蘋果替代番茄，少許薑泥替代大蒜，可做成獨具風味的小黃瓜冷湯。

不需要硬性規定喝一碗湯，可盛一小杯，當餐前小點。

材料 6～8人份

義大利培根(pancetta) 100公克
切丁，可以一般培根替代

橄欖油2大匙

洋蔥1顆 切丁

茄子1條 切大塊

甜椒1顆 切大塊

西洋芹400公克 切大塊

番茄500公克 切大塊

托斯卡尼大白豆(cannellini bean) 250公克 煮熟備用，可以我們常用的豆類替代

大蒜6瓣 剝皮

清水1000～1200毫升 想要湯汁多一點可多添一點

佛卡夏麵包(focaccia)200公克 撕大塊

帕馬森起司(Parmesan)適量 磨碎

義大利巴西利(Italian parsley)適量 切碎

鹽和黑胡椒粉適量

Ribollita: Tuscan soup

托斯卡尼菜尾湯

托斯卡尼蔬菜湯原文即reboil的意思，其實是一道菜尾湯。
托斯卡尼媽媽非常節儉，把吃剩的蔬菜攏一起煮滾，加上煮熟的
cannellini豆和隔夜麵包一起煮，食用時灑上帕馬森起司，
就是紮紮實實的一道主菜。
把豆子換成通心粉即 Minestrone。

做法

1 取湯鍋，小火將培跟煸出油以後，加入橄欖油將洋蔥炒軟

2 依序加入蔬菜稍稍炒軟，然後加入白豆和大蒜，注入清水，大火煮滾後轉小火續煮1.5小時，至蔬菜軟爛或成糊狀，調味

3 湯表面鋪上麵包，讓麵包吸取湯汁，靜置至少2小時

4 食用前再加熱，食用時灑帕馬森起司和巴西利屑

魔法筆記 78

▲ 蔬菜湯沒有固定食譜，重點就是蔬菜、豆子、麵包和帕馬森起司，現代人少有隔夜菜，充分運用冰箱蔬菜即可。

▲ 一般蔬菜湯幾乎都煮到面目全非，湯和蔬菜你濃我濃，我偏好有蔬菜的口感，所以蔬菜大塊處理，並且蔬菜吸取湯汁日月精華，每一口都是幸福的滋味。

廚房好朋友～

芫荽。巴西利

左：捲葉巴西利　右：芫荽

芫荽(coriander)俗稱香菜，其味道融合檸檬香味和木質辛味，品嚐時有刺激感，是亞洲、拉丁美洲和葡萄牙料理中不可或缺的香草。芫荽籽(coriander seeds)在西方世界的普及度反而高於芫荽，用以醃製食物，做香腸或醬料。

巴西利(parsley)味道像芹菜，但草味更重，是西方料理的基本香草，分平葉巴西利(又稱義大利巴西利)和捲葉巴西利，平葉味道優於捲葉，料理上通常使用平葉，捲葉則用於盤飾。

曾有網友跟我說做了酪梨醬(guacamole，見本書第77頁)，總覺得酪梨在整體上就是不搭，格格不入。原來她誤用巴西利為芫荽，台灣超市稱巴西利為西洋香菜。

也有網友用芫荽做香橙巴西利蒜屑(gremolata，見本書第16頁)搭米蘭燉牛膝，她說醬料好搶味，整個味道組合怪怪的。當然會怪呀，西洋香菜不等於我們口中的香菜。

為何稱巴西利為西洋香菜？有此一說芫荽在亞洲料理的地位就好像巴西利在西方料理，因此可以這樣置換；另有一說兩者長相相似，正如同西方人稱芫荽為中國巴西利(Chinese Parsley)，所以如此翻譯。

我不以為然，我覺得西洋香菜或是中國巴西利的說法只會誤導，反而沒有指引的效果。

論味道個性，芫荽喧擾想當第二主角，巴西利沉默安於最佳配角。

論料理地位，我倒覺得青蔥在亞洲料理的重要性及接收度高於芫荽。

論外型長相，芫荽的葉子圓而軟，巴西利的葉子尖而乾。

打個比方，在生物學分類，芫荽和巴西利是同科(family)，人類和黑猩猩也是同科，並且相似度高達98.77%，應該不會稱呼黑猩猩為披了毛皮的人類吧^^

但是我贊同日本茄子、台灣茄子、義大利茄子等等等的說法，因為它們真的是茄子，只是產地不同罷了。

同時我覺得香草的使用可置換且千變萬化，人人口味不同，或許有人認為用巴西利做guacamole、用芫荽做gremolata好吃，fine！好歹清楚知道自己用的是哪種香草。

啥都可迷糊，
但是對於入口的食物和抱在懷裡的男人不能馬虎。

芫荽葉

平葉巴西利

洋蔥湯的歷史可溯及羅馬時代，
現代版的洋蔥湯食譜則在18世紀成型。
據說是法王路易十五（也有一說是路易十四）半夜在他的狩獵小屋
利用洋蔥、奶油和香檳製成第一個版本的洋蔥湯。
洋蔥湯屬於冬季湯品，基本上冬季食物就是要熱騰騰香噴噴，
充滿飽足感，所以除了洋蔥、奶油和酒品之外，
香料、麵包和起司不可少。
掌握這個原則，人人都可以做出自己的洋蔥湯。

炒40分鐘後的洋蔥

焦糖洋蔥

法式洋蔥湯

French onion soup

材料 2～4人份

焦糖洋蔥(Caramelized onion)材料

洋蔥1公斤　切條切塊切丁皆可

無鹽奶油50公克　可以橄欖油3大匙替代

其他材料

牛高湯1200～1500毫升　可以雞高湯替代，想要湯汁多一點可多添一點

甘邑(Cognac)100毫升　可以雪利酒(Sherry)或紅酒替代

紅酒醋3大匙

百里香(thyme)5公克

月桂葉(bay leaf)2片

棍子麵包(baguette)4～8片(每人2片)

Gruyère起司100～200公克(每人50公克)

磨碎，可以其他焗烤起司替代

鹽和黑胡椒粉適量

做法

1 做焦糖洋蔥：取湯鍋或有深度平底炒鍋，中小火奶油炒洋蔥，不斷翻炒，小心焦鍋，炒至洋蔥軟化釋放甜味，約莫1小時

2 加入牛高湯、干邑、紅酒醋、百里香和月桂葉，大火煮滾後轉小火續煮30分鐘，調味

3 合適大小的焗烤碗碗底放置一片麵包，倒入煮好的洋蔥湯，依序擺上一片麵包和起司，預熱過的烤箱180°C烤箱烤20分鐘，直至起司融化

魔法筆記

▲ 炒焦糖洋蔥沒有訣竅，只要有耐心，不要讓洋蔥焦掉，它會用甜蜜來回饋。

▲ 可以添加喜歡的香料丁香肉豆蔻之類，是充滿神祕感的湯品。

焗烤湯更美味的秘訣

▲ 湯底層的麵包在烘烤時會軟化吸取湯汁，食用時增添口感和層次，更美味。

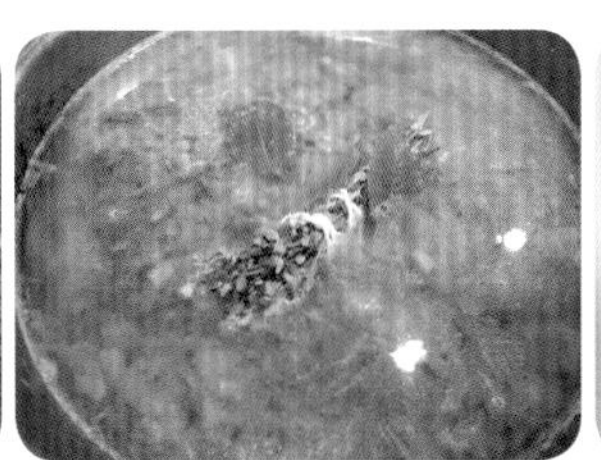

Dutch Queen soup

荷蘭女王湯

荷蘭女王湯其實是從法國 Potage a la Reine (Soup for Queen)
演變而來。
當1940年代德軍佔領荷蘭時，餐館推出這道湯，
添加當時流亡在外的荷蘭女王 Wilhelmina喜歡的香草---茵陳蒿，
暗中表達支持皇室之意。
原始食譜非常繁複，以杏仁雞湯為湯底，
加入大量鮮奶油的濃湯，最後點綴雞冠、石榴和開心果。
演變至今，它變成濃稠充滿奶香的蔬菜濃湯。

材料 4人份

雞高湯材料

雞翅12支
茵陳蒿(tarragon) 20公克
清水2000毫升

其他材料

橄欖油1大匙
雞胸肉2片
四季豆／胡蘿蔔／玉米適量 皆事先水煮料理過切丁，可以其他喜歡的蔬菜替代
有機雞蛋黃4個
高脂鮮奶油(crème fraiche)100公克 可以酸奶(sour cream)替代
鹽和白胡椒粉適量

魔法筆記 82～85

▲ 茵陳蒿是這道湯的重要香味，不能省略，如果真的不好取得，可以八角3顆替代
▲ 高湯鍋要夠大，讓湯汁肆意滾煮
▲ 蛋黃放入高湯時，切忌溫度過高，否則會變成蛋花湯

做法

1 方便做雞高湯：所有材料在大湯鍋裡大火煮滾後，轉中火續煮40分鐘，濾掉殘渣，可做出約1000毫升的雞高湯，臨時需要高湯時，這是方便簡易的雞高湯作法(無須添加茵陳蒿)。

2 料理雞胸肉：取平底鍋，橄欖油煎雞胸肉，兩面各煎2分鐘，移到烤盤上，預熱過的烤箱180°C烤10分鐘，置涼後撕成細條

3 備好蔬菜

4 將事先準備好的高湯1000毫升在一般湯鍋稍稍加溫，調味，離開火爐，加入蛋黃和高脂鮮奶油攪拌均勻，再回火爐，放入一半的雞肉條，小火加熱至雞肉條有熱度

5 將料理好的湯注入湯盤，擺上剩下的雞肉條和蔬菜丁

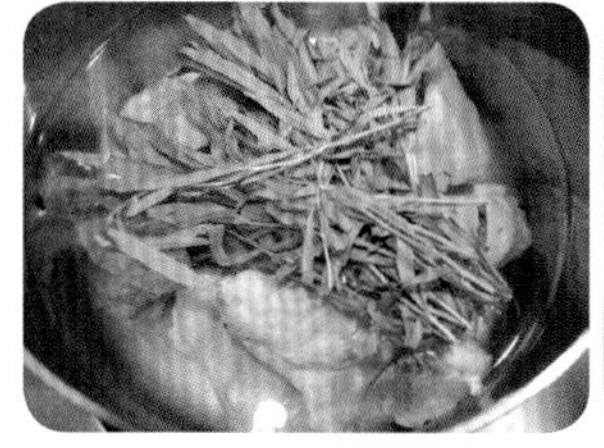

Roasted duck leg, Marsala sauce, carrots, cherry tomatoes, sugar snaps, sage

馬莎拉酒煮鴨腿

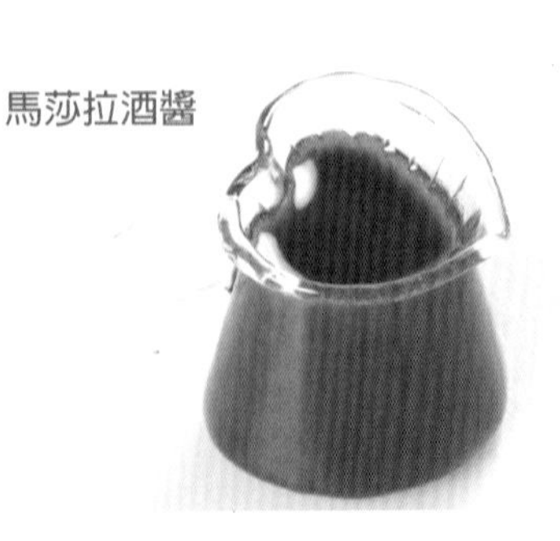
馬莎拉酒醬

材料 2人份

馬莎拉酒鴨腿材料

鴨腿2支 室溫狀態

洋蔥1顆 切丁

大蒜1瓣 切碎

馬莎拉酒(Marsala)400毫升

烤鴨腿的油1大匙

鹽和黑胡椒粉適量

馬莎拉酒醬

馬莎拉酒100毫升

煮過鴨腿的馬莎拉酒和洋蔥

鹽和黑胡椒粉適量

其他材料

櫻桃番茄14顆 視個人喜好增減

甜豆莢150公克 事先水煮半熟

胡蘿蔔100公克 切小塊，事先水煮至熟

烤鴨腿的油2+1大匙 烤番茄和炒蔬菜

鼠尾草(sage)適量

鹽和黑胡椒粉適量

做法

1 烤鴨腿(第一階段烤鴨腿)：鴨腿抹上鹽和黑胡椒粉，放置烤盤上，預熱過的烤箱180°C烤1小時

2 烤馬莎拉酒鴨腿：鴨腿進烤箱40分鐘後，可放進烤箱的厚湯鍋裡，中小火以烤鴨腿的油或自備鴨油炒洋蔥和大蒜，炒10分鐘，注入馬莎拉酒，續煮10分鐘，此時第一階段鴨腿已烤好，放入鴨腿，蓋鍋，烤箱續烤1小時(此為第二階段烤鴨腿)

3 做馬莎拉酒醬：第二階段鴨腿烤好後，熄火，取出鍋裡的洋蔥，(鴨腿續留鍋裡，蓋鍋，保持溫度。)用食物調理機打成泥，過濾後，移到醬料鍋，加入馬莎拉酒，大火煮20分鐘左右，至濃稠

4 烤櫻桃番茄：烤盤加入烤鴨腿的鴨油和番茄，撒上鹽和黑胡椒粉，烤箱180°C烤20分鐘

5 炒蔬菜：取平底鍋，大火烤鴨腿的鴨油炒甜豆莢和胡蘿蔔至熟，調味，熄火，加入鼠尾草

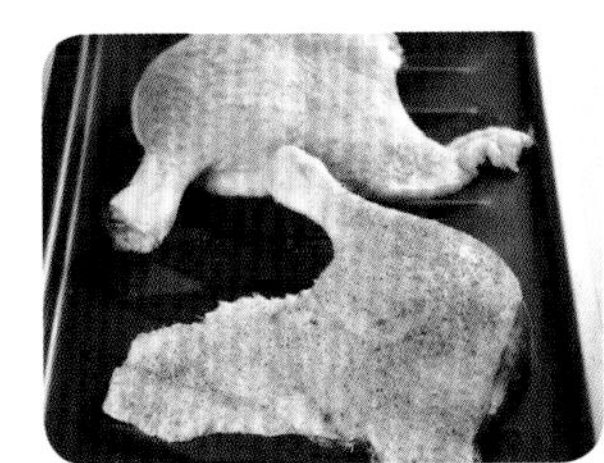

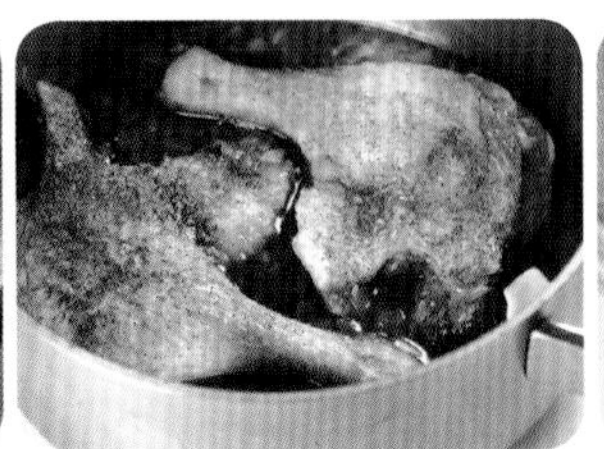

我在部落格做出油封鴨以後，大受歡迎，
網友們甚至變化衍伸許多料理，大開飲食視界。
鴨腿因其肌肉結構宜長時烹調，油封即一例，
而這次我用燜煮法，料理出不同口感的美味鴨腿。

魔法美記 86

▲ 這道菜總共使用7個鍋具器皿，尚不包含事先水煮甜豆莢和胡蘿蔔的鍋子以及食物調理機和濾網，感覺是一道超級複雜的料理，其實不然，這是一道可拆解的料理，首先可以大量做好馬莎拉酒煮鴨腿，分裝凍起來，食用前在冷藏室解凍，然後預熱過的烤箱180°C烤30分鐘，或直接煎至表皮焦脆；而馬莎拉酒醬也可以做好冷凍儲存，食用前解凍加熱即可，至於烤番茄炒蔬菜更是隨心隨欲搭配，況且整道料理2.5小時當中，並不需要一旁守候顧火，可以離去，或是抓空檔做其他菜餚。

▲ 在我的廚房遊戲中，馬莎拉酒和醬油味合拍，因此這道馬莎拉酒鴨腿，不僅可以搭西式配菜，拿來做亞式料理也不會出錯，建議多做存放。

Pork cordon bleu, carrot/apple mash

藍帶豬排

胡蘿蔔蘋果泥

提到藍帶，想當然耳是藍帶廚藝學校 Le Cordon Bleu。
藍帶廚藝學校對其"藍帶"名稱非常保護，不能任意使用，
但是藍帶豬排卻可安然存在，原因是古早時廚師做了豬排餐給
有功的藍帶騎士享用，因此豬排俗稱藍帶豬排。
如此可以穿越禁忌邊緣的料理，我當然要一試！

材料 2人份

胡蘿蔔蘋果泥材料

奶油40公克 分成兩等份

青蘋果1顆 去皮切丁

胡蘿蔔350公克 切丁

雞高湯200毫升

鹽和黑胡椒粉適量

藍帶豬排材料

豬小里脊肉100～110公克、厚度1.5～2公分2片

約客火腿(York ham)4片 可以一般火腿替代

Emmental 起司60～80公克

可以一般起司片替代

白酒少許

麵粉適量

雞蛋1顆 打散

麵包屑適量

橄欖油適量

牙籤4根

鹽和白胡椒粉適量

做法

1 做青蘋果胡蘿蔔泥：取醬汁鍋，青蘋果以奶油煎3分鐘以後，加入胡蘿蔔續煎5分鐘，注入高湯再煮20分鐘至熟爛，打成泥，加入剩下的奶油攪拌均勻並且調味

2 豬里肌肉橫切但不切斷，用敲肉器或刀背把筋敲斷

3 平攤豬肉，依序疊上火腿和起司片，以牙籤固定住，表面刷上白酒並且灑上鹽和白胡椒粉

4 將處理好的豬肉依序裹麵粉、沾蛋汁和裹麵包屑，擺冰箱10分鐘

5 取平底鍋，比平常煎肉再多一點的油，約莫到豬排三分之一高度的油量煎豬排，兩面各煎2～2.5分鐘，至熟

6 盛盤時取出牙籤

魔法筆記 87/88

▲ 豬肉可以雞肉或魚肉替代，但是油煎的時間要稍微縮減。

▲ 可以油炸取代油煎，口感香酥。

Roasted crispy duck

烤脆皮鴨

偶爾吃膩西式鴨肉料理，我就會替阿莫先生和我烤一隻全鴨換口味，我做不出厲害的北平烤鴨，但這脆皮烤鴨可以勉強稱為"賽北平"。

材料 2～4人份

全鴨1隻 1.5～2公斤

柳橙1顆

細鹽2小匙

料理繩 可省略

黑胡椒粉適量

蜂蜜適量

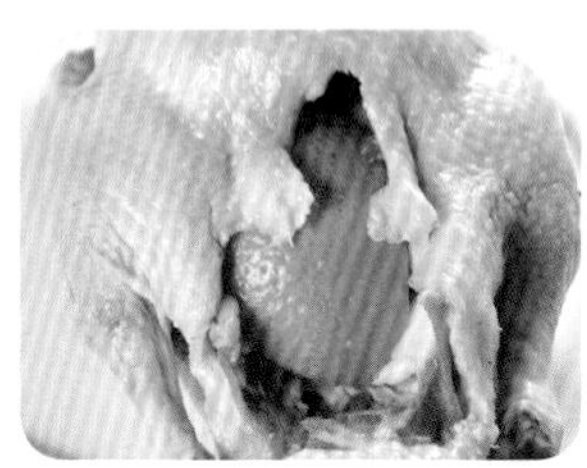

魔法筆記 89

皮脆肉多汁烤鴨的秘訣

▲ 柳橙是讓鴨肉濕潤的原因，而鹽則讓鴨皮香脆，切記！

▲ 僅用柳橙、鹽和黑胡椒粉調味烤出來的鴨肉，中西菜皆可搭。

做法

1 柳橙對切不擠汁，直接放進鴨肚裡，把鴨腿綁緊

2 仔細在鴨胸上拍滿細鹽，撒上黑胡椒粉，移到烤盤上

3 預熱過的烤箱200°C烤20分鐘，然後轉180°C烤100分鐘，最後塗上蜂蜜，續烤5分鐘

4 鴨肉在烤盤上休息15分鐘，快吃

久煮版本的羊排

Stewed lamb cutlets, onion sauce and tomato paste, broccoli, round carrots

羊排一鍋煮

"一鍋煮"是我在台灣時的拿手好菜，把肉和菜加上喜歡的香草香料煮煮煮，好料一鍋餵飽自己。雖說我不愛水煮蔬菜，但是煮熟未爛的蔬菜藉著其他食材和香草香料賦予新氣味，我愛。

材料 2人份

羊架排1排 切成帶骨肉排
橄欖油3大匙
大蒜2瓣 拍碎
洋蔥1顆 切丁
番茄糊(tomato paste)2小匙
比拳頭小的番茄3顆 去皮隨意切切
胡蘿蔔150公克 挖成球或切塊
青花菜200公克 切朵
茵陳蒿(tarragon)15公克 可以八角3顆替代
雞高湯800毫升
鹽和黑胡椒粉適量

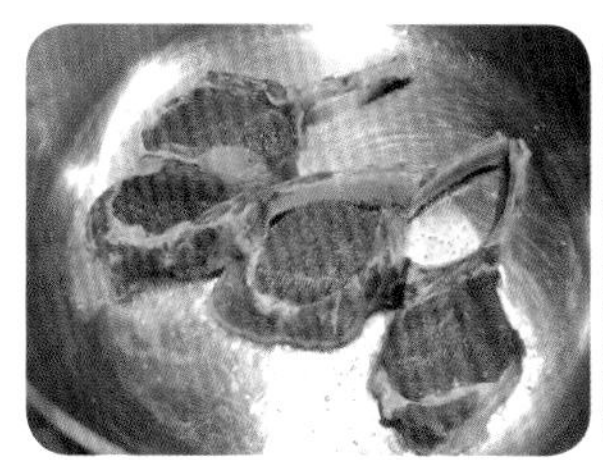

魔法筆記 90/91

▲ 蔬菜和高湯可以多準備一點，羊排吃完以後，剩下的湯汁隔天小火續煮，不再添任何水份，因此湯汁會越來越濃稠。像是品味美女，從第一口開始的清純少女，到風華絕代的熟女，每一個階段都有不同的韻味。
▲ 煮熟未爛的蔬菜藉著其他食材和香草香料賦予新氣味。

做法

1. 羊排先鹽和黑胡椒粉調味，擺10分鐘，然後在湯鍋裡，熱鍋熱油兩面煎上色，取出
2. 原鍋轉小火，續煎大蒜和洋蔥，約莫5分鐘
3. 加入番茄糊續煮1分鐘
4. 加入番茄、胡蘿蔔和茵陳蒿，注入高湯，大火煮滾後轉小火續煮20分鐘，調味
5. 加入羊排和青花菜，續煮8分鐘，再次調味

羊排拱門

Marinated guard of honor,
couscous, multicolored peppers

材料 4人份

羊排拱門材料

迷迭香(rosemary)2枝 僅取葉子
義大利巴西利(Italian parlsey)4枝 去掉粗莖
大蒜3瓣
柳橙皮屑2顆的量
橄欖油3大匙
羊架排2副
錫箔紙
鹽和黑胡椒粉適量

甜椒北非米(Couscous)沙拉材料

甜椒2顆 切條
即食北非米150公克
熱高湯210～250毫升
義大利巴西利(Italian parlsey)適量
柳橙汁1顆的量
橄欖油2小匙
鹽和黑胡椒粉適量

魔法筆記 92

蓋厲害北非米

等量北非米和熱高湯浸泡5分鐘後，添加多種料理過的蔬菜或果乾，可當主食、配菜或沙拉，是煮婦好幫手。

做法

1 做醃料：除了羊排以外，所有材料混合均勻

2 醃料塗到羊排上，然後用錫箔紙把骨頭包起來，擺到烤盤上，預熱過的烤箱250°C烤20分鐘後，取出羊排，把烤出的肉汁刷到肉上，烤箱轉150°C續烤8-10分鐘，然後在熱盤上休息10分鐘左右

3 料理羊排時，在熱烤盤上烤甜椒，10～15分鐘

4 做甜椒北非米沙拉：北非米和熱高湯浸泡5分鐘以後，加上烤軟的甜椒和其他材料，攪拌均勻，調味

甜椒北非米沙拉

羊排是美麗的食材，尤其是經過烘烤的羊架，
那伸展微翹的骨頭像豎琴琴弦錚錚琮琮彈奏樂音，
而肉和骨頭上烙下的焦色，幻化成香氣，
一絲絲一縷縷牽動味覺。

Part 4……

秘密情人。蛋

1~100歲都喜歡的雞蛋料理6道

材料 2人份

橄欖油適量

大蒜1瓣 拍碎

高麗菜120公克 切絲，可以其他葉菜或菇類替代

喜歡的辣泡菜120公克 切絲

檸檬汁1小匙

米酒1大匙

清水50毫升

有機雞蛋2顆

松子適量 先乾鍋烘出香味

鹽和黑胡椒粉視泡菜鹹度辣度添加

做法

1 取平底鍋，中火橄欖油爆香大蒜後加入高麗菜絲翻炒至熟，再加入泡菜絲炒熱，灑上檸檬汁、米酒和清水，調味

2 在可進烤箱的小鍋上盛放料理好的泡菜和高麗菜，打上蛋，預熱過的烤箱180°C烤8分鐘

Oven baked Kim chi and stir-fried fresh white cabbage, egg

焗烤泡菜太陽蛋

每次做這道菜，當烤箱飄出香味時，我感覺身上的每個毛細孔在高聲歡唱，它們在歌詠辣泡菜和蛋經過烘烤的神奇美味。

魔法筆記 93

▲ 炒高麗菜時可同時添加肉絲或海鮮。

▲ 可在蛋上撒上厚厚的起司，烤至起司融化，美味變變變。

番茄奶醬 Aurore sauce 其實就是將
牛奶白醬 Béchamel (見本書第64頁) 添加適量番茄糊，
增加酸味，因為顏色的關係，
有人稱其粉紅醬，和蛋料理及魚料理非常速配。

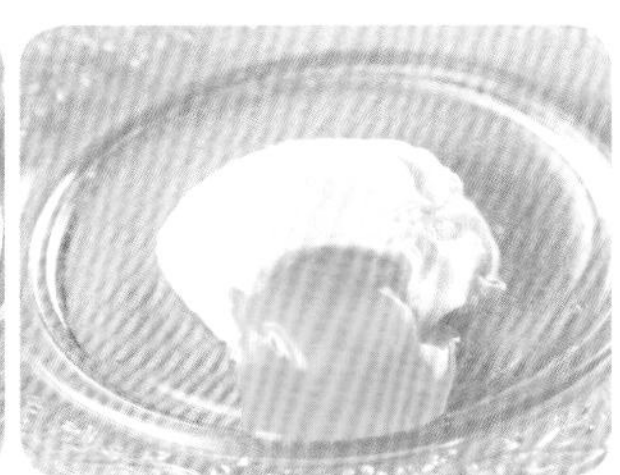

波特菇水波蛋堡

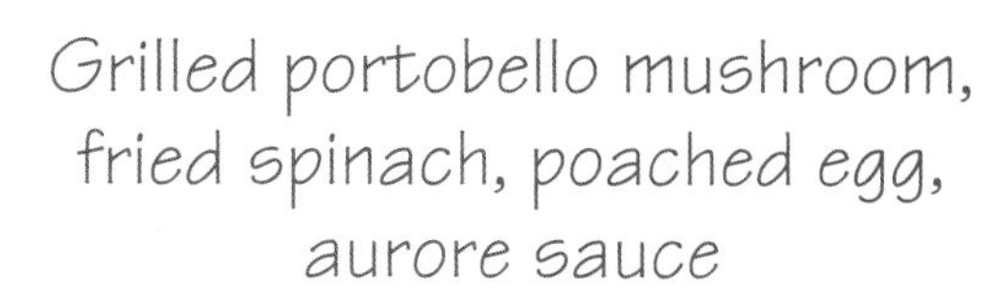

番茄奶醬

材料 2人份

番茄奶醬(Aurore sauce)材料

無鹽奶油30公克
麵粉30公克
牛奶100毫升
番茄糊1小匙
鹽和黑胡椒粉

其他材料

波特菇(portobello)2朵　可以大朵香菇替代
有機雞蛋2顆　置常溫
橄欖油適量
大蒜1瓣　去皮拍碎
菠菜200公克
鹽和黑胡椒粉適量

做法

1 烤波特菇：烤盤熱透以後，放上波特菇，兩面各烤5分鐘，適時降低火力，烤好後表面撒鹽調味

2 做番茄奶醬：取醬汁鍋，小火加熱醬汁鍋裡的奶油和麵粉，使其融合，逐次加入牛奶和番茄糊，攪拌至均勻，調味

3 做水波蛋的秘訣：取小鍋，注入可以蓋過整顆蛋的清水，大火煮水至大滾，用筷子攪成旋渦，熄火，把蛋倒進旋渦裡，繼續沿著鍋緣底部輕輕攪旋渦，直至蛋移位，蓋鍋燜3分鐘

4 炒菠菜：取平底鍋，小火橄欖油煎大蒜，煎出香味後，加入菠菜炒至熟，調味

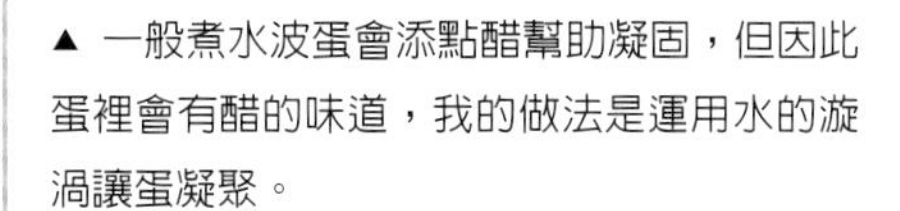

▲ 一般煮水波蛋會添點醋幫助凝固，但因此蛋裡會有醋的味道，我的做法是運用水的旋渦讓蛋凝聚。
▲ 蛋倒入沸水後繼續攪拌水至蛋移位，避免蛋黏鍋。

魔法筆記

Oven baked cooked egg white, stuffed with mayonnaise, sweet corn and shredded cherry radish

烤水煮蛋玉米盅

高中時和同學在某個牛排館開洋葷吃西餐，
當時侍者先送來一個小盤盛著一團黃黃糊糊的東東，
四週點綴薄番茄片，說是開胃菜。
番茄片擺放過久，乾乾醜醜，我咬一口後把它們挑到盤邊邊，
專心對付那團肉眼看得出有玉米粒和碎蛋的黃色食物，
一入口，香香甜甜，是我喜歡的味道，原來叫玉米蛋沙拉，
那是我愛上蛋和玉米組合的開始，
同時也是我和所謂"沙拉"的初相識。

材料 2人份

雞蛋2顆 水煮熟透，對切，取出蛋黃
罐頭玉米粒30公克
櫻桃蘿蔔10公克
切條，可以酸黃瓜替代
原味蛋黃醬(美奶滋)2大匙
鹽和黑胡椒粉適量

另備

捲葉巴西利(curly parsley)適量

做法

1 除了蛋以外，所有材料混合均勻

2 加入蛋黃，簡單攪拌，蛋黃不要弄太碎，可吃出口感

3 將玉米蛋糊填入蛋白，放在烤盤上，預熱過的烤箱200℃烤8～10分鐘，烤盤靠近燈管，可以幫助快速上色。

▲ 直接將玉米蛋糊填入蛋白不進烤箱亦可，另種滋味。
▲ 蛋煮至喜歡的熟度後倒掉熱水，直接在鍋裡沖冷水，同時兩手像搖呼拉圈般輕輕的搖鍋子，讓蛋和蛋、蛋和鍋子互相碰撞，直到蛋殼完全龜裂，如此可輕易撕去蛋殼，剝出一顆顆光滑無瑕的水煮蛋。

Steamed egg, milk and Cognac, cherry radish, red and green flying fish roe

牛奶干邑蒸蛋

小時候只要有一些剩菜湯或肉汁，媽媽就會做蒸蛋。蛋汁和湯汁大約一比二或一比二點五，灑幾滴米酒，擺隻蝦子或是薄肉片，大火蒸幾分鐘，我的簡單宵夜出現了。

獨自在外居住多年，當然也摸索出屬於自己的蒸蛋法，我喜歡用牛奶，或是各類高湯蒸蛋。

材料 4人份

雞蛋3顆 常溫狀態

牛奶300毫升 常溫狀態

干邑(Cognac)幾滴

鹽和黑胡椒粉適量

另備

魚卵

櫻桃蘿蔔片(cherry radish)

做法

1. 蛋打散，過篩
2. 加入所有材料混合
3. 蒸蛋容器上封保鮮膜，鍋子水滾放入，蓋鍋轉小火蒸7分鐘，然後掀蓋熄火靜置2分鐘

魔法筆記 

蒸蛋的秘訣

- ▲ 濾蛋的過程很重要，蛋才會有滑嫩的口感。
- ▲ 保鮮膜要確實包緊，才不會蒸出蛋花湯。
- ▲ 牛奶可以高湯或豆漿替代。
- ▲ 蛋汁和湯汁大約一比二或一比二點五，如果想吃水嫩嫩口感的蒸蛋，蛋和液體的比例可一比三。
- ▲ 不需要使用特別蒸器，一般深鍋上墊網架，水不要超過網架，確定蒸蛋容器不在熱水裡搖晃即可。

Scrambled egg on toast, Gruyère, salmon roe

起司炒蛋

這算是我的懶人菜，起床後肚子餓但是腦袋還沒開，
簡單做炒蛋塗麵包或用生菜包著吃，
然後來一杯咖啡歐蕾，
於是我醒了～

材料 4人份

雞蛋4顆
無鹽奶油10公克 融化
高脂鮮奶油(crème fraiche)2大匙 可以酸奶(sour cream)或原味優格替代
Gruyère 起司50公克 磨碎
不甜白酒1小匙
橄欖油適量 薄薄一層鋪滿鍋面
鹽和黑胡椒粉適量

另備

麵包適量
鮭魚卵適量
細香蔥(chive)隨意

做法

1 將所有材料稍稍混合

2 取平底鍋，熱鍋熱油，將蛋糊倒入，不斷攪拌至喜歡的熟度

魔法筆記 98

炒蛋的秘訣

若擔心不好掌握蛋的熟度，可在蛋底層開始凝結時熄火，繼續攪拌，利用餘溫加熱。

Avocado/egg pancake

酪梨蛋餅

總是拿酪梨做甜品、打果汁或是西式吃法，直到網友建議我酪梨炒蛋，一試成癮，同時我發現酪梨和醬油是好朋友。

材料 2人份

雞蛋2顆 打散
拳頭大小酪梨1顆 切丁
醬油2小匙
味醂2小匙
橄欖油適量 薄薄一層鋪滿鍋面

另備

酪梨切丁之前可以留2小片做最後盤飾
柳橙片或番茄片

魔法筆記 99

▲ 蛋不需要打均勻，可保持嫩度。
▲ 酪梨儘量切小塊，甚至可攪拌成泥，方便翻面且好入味。
▲ 如果翻面失敗，做成炒蛋也是好料理。
▲ 可以不翻面，小火將蛋烘熟即可。

做法

1 將所有材料混合

2 取平底鍋，熱鍋熱油，將蛋糊倒入，轉中小火

3 底層凝結後，將蛋平平滑到大盤上，然後鍋子倒扣在盤上，蓋住蛋，翻過來

4 中小火續煎至熟

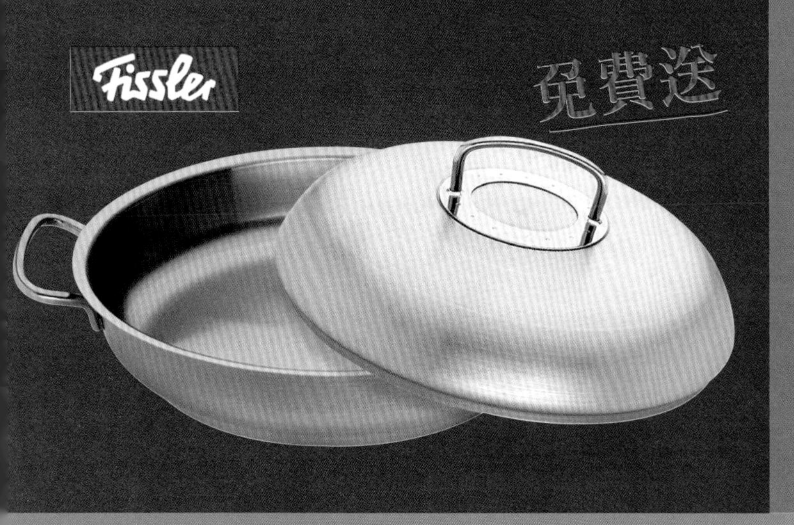

松露玫瑰

特別挑選的實用平煎鍋，

市價$10,800元送給您

（幸運中獎讀者將以電話個別通知，
名單公佈於出版菊文化與松露玫瑰部落格）

德國 Fissler 菲仕樂『歐式主廚鍋 28 cm』免費送

- **無(少)油、無(少)水料理**
鍋底均勻受熱及鍋蓋卓越密封性，利用食物本身的油脂或水份完成烹飪。
- **特殊設計、高品質感受**
體貼的隔熱鍋蓋把手，細心的鍋蓋設計避免水分流失。
- **頂級材質、專利設計**
18/10高級不鏽鋼材質。"烹飪之星"專利鍋底，導熱均勻、快速。

為了讓您下廚料理更輕鬆，我們準備了價值$10,800元的德國fissler「歐式主廚鍋」(28cm)共5組，要送給幸運的讀者！只要剪下下頁回函，100年1月20日免貼郵票寄回(影印無效)，25日將抽獎揭曉！

沿 虛 線 剪 下

新手料理的99個秘訣——松露玫瑰的魔法廚房

請您填妥以下回函，免貼郵票投郵寄回，除了讓我們更了解您的需求外，
更可獲得大境文化＆出版菊文化一年一度會員獨享購書優惠！

1. 姓名：＿＿＿＿＿＿
姓別：□男 □女 年齡：＿＿＿ 教育程度：＿＿＿ 職業：＿＿＿
連絡地址：□□□＿＿＿＿＿＿
傳真：＿＿＿＿＿ 電子信箱：＿＿＿＿＿
2. 您從何處購買此書？＿＿＿＿縣市＿＿＿＿書店/量販店
□書展 □郵購 □網路 □其他＿＿＿＿
3. 您從何處得知本書的出版？
□書店 □報紙 □雜誌 □書訊 □廣播 □電視 □網路
□親朋好友 □其他＿＿＿＿
4. 您購買本書的原因？（可複選）
□對主題有興趣 □生活上的需要 □工作上的需要 □出版社 □作者
□價格合理（如果不合理，您覺得合理價錢應＄＿＿＿＿）
□除了食譜以外，還有許多豐富有用的資訊
□版面編排 □拍照風格 □其他＿＿＿＿
5. 您經常購買哪類主題的食譜書？（可複選）
□中菜 □中式點心 □西點 □歐美料理（請舉例＿＿＿＿）
□日本料理 □亞洲料理（請舉例＿＿＿＿）
□飲料冰品 □醫療飲食（請舉例＿＿＿＿）
□飲食文化 □烹飪問答集 □其他＿＿＿＿
6. 什麼是您決定是否購買食譜書的主要原因？（可複選）
□主題 □價格 □作者 □設計編排 □其他＿＿＿＿
7. 您最喜歡的食譜作者/老師？為什麼？
8. 您曾購買的食譜書有哪些？
9. 您希望我們未來出版何種主題的食譜書？
10.您認為本書尚須改進之處？以及您對我們的建議？

大境文化信用卡訂書單

傳真專線：（02）2836-0028　　請放大影印後傳真

持卡人姓名：	生日：　年　月　日
身分證字號：□□□□□□□□□□	性別：□男　□女
連絡電話：（日）　（夜）　（手機）	
e-mail：	

訂購書名	數量（本）	金額

訂書金額：NT$　＋郵資：NT$80（2本以上可免）＝NT$	
總訂購金額：（請用大寫）　仟　佰　拾　元整	
通訊地址：□□□	
寄書地址：□□□	
發卡銀行：	□VISA　□Master
信用卡反面 後3碼	□聯合卡　□JCB
信用卡號：□□□□-□□□□-□□□□-□□□□	
有效期限：　月　年	授權碼：（免填寫）
持卡人簽名：（與信用卡一致）	商店代號：（免填寫）
發票：□二聯式　□三聯式　發票抬頭：　統一編號：□□□□□□□□	

填單日期：　年　月　日

另有劃撥帳號可訂書/19260956 大境文化事業有限公司

我們將盡速以掛號寄書，進度查詢專線：（02）2836-0069 趙小姐

沿　虛　線　剪　下

廣　告　回　信
台灣北區郵政管理局登記證
北台字第12265號
免　貼　郵　票

台北郵政 73-196 號信箱

大境（出版菊）文化　收

姓名：　電話：

地址：

Kitchen Blog

新手料理的99個秘訣---松露玫瑰的魔法廚房

作者　松露玫瑰

出版者 / 出版菊文化事業有限公司　P.C. Publishing Co.

發行人　趙天德

總編輯　車東蔚

文案編輯　編輯部　美術編輯　R.C. Work Shop

攝影　松露玫瑰

台北市雨聲街77號1樓

TEL：(02)2838-7996　　FAX：(02)2836-0028

法律顧問　劉陽明律師 名陽法律事務所

初版日期　2010年10月

定價　新台幣280元

ISBN-13：978-986-6210-01-3　書　號　K04

讀者專線　(02)2836-0069

www.ecook.com.tw

E-mail　service@ecook.com.tw

劃撥帳號　19260956 大境文化事業有限公司

新手料理的99個秘訣---松露玫瑰的魔法廚房

松露玫瑰 著 初版. 臺北市：出版菊文化，2010[民99]

112面；19×26公分. ----(Kitchen Blog系列；04)

ISBN-13：9789866210013

1.食譜　2.烹飪

427.1　　　　99017843

參考資料

英文維基

義文維基

香草與辛香料 ISBN 9578248717

大廚聖經 ISBN 9789570410648

Carluccio's Complete Italian Food ISBN 9781903845561

Gh Food Encyclopedia ISBN 9781843405030

Fruit en Groente ISBN 9783833814815

De zilveren lepel ISBN | 9789047501121

Italia ISBN 9783833111389

The Flavor Bible ISBN 9780316118408

行政院農業委員會